Lucía Recio Rubio
Francisco Aguayo González
Antonio Córdoba Roldán

Neuroingeniería del diseño y desarrollo del producto

Lucía Recio Rubio
Francisco Aguayo González
Antonio Córdoba Roldán

Neuroingeniería del diseño y desarrollo del producto

Neuroengineering of product design and development

Editorial Académica Española

Imprint

Any brand names and product names mentioned in this book are subject to trademark, brand or patent protection and are trademarks or registered trademarks of their respective holders. The use of brand names, product names, common names, trade names, product descriptions etc. even without a particular marking in this work is in no way to be construed to mean that such names may be regarded as unrestricted in respect of trademark and brand protection legislation and could thus be used by anyone.

Cover image: www.ingimage.com

Publisher:
Editorial Académica Española
is a trademark of
International Book Market Service Ltd., member of OmniScriptum Publishing Group
17 Meldrum Street, Beau Bassin 71504, Mauritius
Printed at: see last page
ISBN: 978-620-2-80993-1

AGRADECIMIENTOS

En primer lugar, dar las gracias a Francisco Aguayo y Antonio Córdoba por darme siempre palabras de apoyo y tener la constancia que hacía falta para poder sacar este proyecto pese a la falta de tiempo y a las dificultades que han ido surgiendo en el camino.

En segundo lugar, no podría dejar pasar la oportunidad de darle las gracias a mi madre por ser siempre el pilar fundamental en mis estudios, por muchos años que pasen y muchos títulos que pueda tener, ella siempre está ahí con su más que famosa frase "los estudios son lo primero".

Gracias a todos aquellos que me animaron a no dejar de estudiar y a continuar con esta carrera que, aunque difícil y sacrificada, me está aportando beneficios que no esperaba tener.

Finalmente, dar las gracias a todos los compañeros de camino, con los que he podido reír, llorar, agobiarme, estudiar, salir y con los que espero seguir manteniendo el recuerdo de estos años duros pero bonitos que hemos compartido.

ÍNDICE

1. OBJETIVO DEL PROYECTO

El objetivo de este trabajo es el de realizar un estado del arte de los conocimientos neurocientíficos existentes actualmente que puedan relacionarse o utilizarse en el campo de la ingeniería de diseño y desarrollo de productos.

El interés de generar este estado del arte es el de crear una base de conocimiento que pueda servir a los diseñadores industriales para incorporar el componente de la neurociencia a sus proyectos y productos, tratando de aportarles nuevas herramientas y técnicas que los ayuden a llevar sus diseños a otro nivel de conexión con los usuarios.

Se pretende realizar una contextualización adecuada de los conocimientos teóricos existentes, dado que los ingenieros de diseño por lo general no suelen estar familiarizados con los estudios de la mente y con los procesos mentales que sufren los usuarios a la hora de usar los productos que han diseñado. De esta forma se pretende ampliar el conocimiento de los diseñadores para que incluyan el conocimiento de la mente de los usuarios como una de las habilidades que pueden aplicar a la hora de diseñar sus productos.

Además del cuerpo de conocimientos teóricos que se pretender plasmar en este trabajo, se quiere llevar el estado del arte a la recopilación no solo del contexto meramente académico, sino que se busca incluir las técnicas, métodos, modelos y herramientas neurocientíficas existentes que puedan relacionarse o aplicarse en el diseño y desarrollo de productos.

Durante el desarrollo del trabajo se va a abordar el proceso de diseño y desarrollo de productos a partir de una propuesta de tres dimensiones, que en su conjunto engloban la concepción de los productos, la gestión de su diseño y su relación con los usuarios, de manera que se pueda entender de forma holística la neuroingeniería del diseño y desarrollo de productos.

La propuesta de la triada de enfoques o dimensiones del diseño alcanza su grado de innovación e interés debido a que la perspectiva desde la que se aborda todo el estudio es tomando la neurociencia y su aplicación en el diseño como punto central del trabajo.

Estos enfoques o dimensiones de la ingeniería de diseño y desarrollo de productos son las siguientes: el neurodiseño, es decir, ver cómo puede ayudar la neurociencia al proceso de diseño de productos, la neurousabilidad, que consiste en entender desde el punto de vista neurocientífico cómo los usuarios llegan a usar los productos y las motivaciones que les llevan a hacerlo, y por último la neurogestión del diseño, es decir, cómo a partir de la neurociencia se pueden mejorar las habilidades de los gestores del diseño para llevar al mercado los productos idóneos para sus usuarios.

Para ello se propone el esquema mostrado en la figura 1 como eje central del trabajo, desde el cual se va a llevar a cabo una revisión del estado del arte existente en esos campos, tratando así de aportar una perspectiva neuropsicológica y neurocientífica que consiga definir lo más completamente posible el proceso de diseño de neuroproductos.

Se entenderán por neuroproductos todos aquellos objetos o productos diseñados haciendo uso de las técnicas, herramientas, modelos o conocimientos propios de la neurocienca aplicados al diseño, al uso del producto o a la gestión del diseño, mejorando así sus características. Es decir, todos aquellos productos diseñados bajo el paraguas de la neuringeniería de productos propuesto en este estudio.

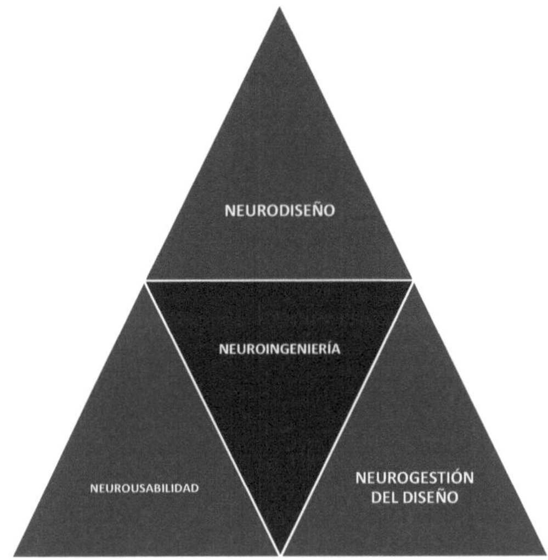

Figura 1: Estructura de la Neuroingeniería de productos (elaboración propia)

La revisión, en primer lugar, se centrará en analizar el concepto de neurodiseño, tratando de dar una definición del término lo más precisa posible a través de los textos existentes, así como hacer una recopilación de los modelos de aplicación o metodologías utilizadas en los estudios. Por último, se realizará una descripción de las técnicas utilizadas para su estudio, tanto las de carácter biométrico como las de enfoque psicológico.

En segundo lugar, se analizará el enfoque de la neurousabilidad, de manera que se agrupen dentro de dicho enfoque los factores ligados al usuario y su relación con el producto, se estudiarán, desde la perspectiva de la neurociencia, los componentes neurocognitivos, neurosociales, neuroculturales y neuroantropológicos del usuario, y cómo afectan al neuromercado y al neuroconsumo de productos, es decir, los aspectos neurocientíficos del uso y del contexto de uso de los productos bajo un enfoque de la neuroaffordance.

Por último, se lleva a cabo una revisión de los diferentes niveles de la gestión del diseño de productos desde el enfoque del neurogestión (neuromanagement), abordando el estudio desde los tres niveles principales, el nivel operativo, el nivel táctico y el nivel estratégico, de la pirámide organizacional del diseño.

2. NORMATIVA

La realización de este trabajo se ha realizado siguiendo una serie de normas generales que se deben de tener en cuenta a la hora de elaborar documentación técnica de cualquier tipo. En este estudio concreto, la normativa específica aplicable es la que se expone a continuación.

- ❖ **UNE-EN 62023:2002**. Estructuración de la información y documentaciones técnicas.

- ❖ **UNE 157001:2014**. Criterios generales para la elaboración formal de los documentos que constituyen un proyecto técnico.

- ❖ **UNE-ISO 690:2013**. Información y documentación. Directrices para la redacción de referencias bibliográficas y de citas de recursos de información.

- ❖ **UNE 50103:1990**. Resúmenes.

- ❖ **UNE-ISO 999:2014**. Información y documentación. Directrices sobre el contenido, la organización y presentación de índices.

- ❖ **UNE 50132:1994**. Documentación. Numeración de las divisiones y subdivisiones en los documentos escritos.

- ❖ **UNE 50136**. Documentación. Presentación de tesis y documentos similares.

3. INTRODUCCIÓN A LA NEUROCIENCIA

En este capítulo inicial de introducción se va a realizar una breve conceptualización de las bases de la neurociencia, así como de la morfología del cerebro y las partes que lo componen hasta el nivel celular. Además, se va a introducir el concepto de la cognición y los procesos mentales que la sustentan. Todos estos conocimientos serán claves a la hora de entender los campos de estudio que se mostrarán a lo largo del trabajo, lo que hace necesario esta primera toma de contacto con la neurociencia para la mayor comprensión de este estudio.

La neurociencia es una disciplina con una larga trayectoria en la historia, nace con el propósito de estudiar y comprender mejor el sistema nervioso del ser humano. Analiza los fundamentos neurobiológicos de las sensaciones, pensamientos y emociones entre otros aspectos de los humanos, como la creatividad, la inteligencia o la conducta social.

Generalmente, ha sido usada como apoyo a la psicología y a los estudios clínicos para así desentrañar el complejo funcionamiento mental de las personas, teniendo como eje central de las investigaciones explicar cómo la actividad del cerebro está relacionada con la psiquis y el comportamiento humano, creando así un nuevo enfoque para entender la conducta de los seres humanos y dando una explicación a cómo aprende y cómo almacena información nuestro cerebro y cuáles son los procesos que facilitan dicho aprendizaje.

Este enfoque neurocientífico es fundamental para comprender mejor al ser humano, su objetivo principal es el de proponer modelos que puedan explicar cómo funcionan las células nerviosas en el cerebro, es decir, se intenta explicar la conducta humana y como esta está influida por el medio ambiente o el entorno.

Resulta de interés llegar a un entendimiento sobre cómo funciona el cerebro, o al menos cuáles son sus principales procesos neurofisiológicos en el cumplimiento o realización de tareas concretas, lo que permitirá conocer la relación existente entre un estímulo o conjunto de estímulos y la reacción a nivel neuronal que provoca en el ser humano.

Por lo tanto, para comprender los conceptos básicos de la neurociencia, que nos servirán de base en cada una de las perspectivas abordadas en el trabajo, es necesario familiarizarse con una serie de conceptos de índole teórica ligados a la anatomía de la mente, el funcionamiento y la morfología del cerebro.

3.1. Anatomía de la mente

En este apartado se abordarán los conceptos más relevantes sobre la mente humana, sus elementos principales y las funciones que desempeña, con el objetivo de entender mejor el órgano y su funcionamiento, algo con lo que no se está a priori nada familiarizado. Se realizará una diferenciación entre los aspectos anatómicos y de cognición, de manera que se identifique en primer lugar la morfología del cerebro y en segundo lugar la psicofisiología de los procesos cognitivos.

El cerebro es el órgano central del sistema nervioso de los vertebrados, se encuentra dentro de la cavidad craneal que es la encargada de protegerlo. Está conformado por tres partes: el cerebro propiamente dicho, el cerebelo y el bulbo raquídeo. En el caso concreto de los humanos, tienen la misma estructura cerebral descrita (ya que son vertebrados), la única diferencia reside en el córtex cerebral de los humanos está más desarrollado que el de los demás vertebrados.

3.1.1. Morfología del cerebro

Según David A. Sousa [1] se puede hacer una división del cerebro en partes externas y partes internas del mismo, tal como se muestra a continuación:

❖ Parte externa

Lo esencial de esta parte externa del cerebro, en la que se profundizará en este apartado, son los lóbulos cerebrales. Según Sousa [1] se pueden identificar numerosos pliegues y arrugas del cerebro que son comunes en todos los cerebros, este conjunto de pliegues son los que forman los cuatro lóbulos de cada hemisferio del cerebro.

▪ Lóbulo frontal

Este lóbulo es conocido como el centro del control ejecutivo y racional y se encuentra situado en la parte delantera del cerebro.

Es el encargado de la planificación y del pensamiento complejo, de la resolución de problemas, el pensamiento creativo, el juicio, la atención, el comportamiento y la personalidad.

Al tratarse del contenedor del área de voluntad propia, lo que se conoce como la "personalidad", un traumatismo o lesión puede provocar cambios drásticos en la personalidad de un ser humano, pudiendo llegar a volverse permanentes.

▪ Lóbulo temporal

Se encarga de la memoria visual y auditiva y además se ocupa del sonido, la música, el reconocimiento de rostros y de objetos. Situado bajo las orejas.

Es el lugar en el que se acoge el centro del habla, que es el encargado de ayudar a controlar el lenguaje y el comportamiento, la capacidad de habla y la capacidad de escucha.

▪ Lóbulo occipital

Es el encargado del procesamiento visual, donde se controla la visión de la persona. Se encuentra emplazado justo detrás del lóbulo temporal, en la parte posterior de la cabeza.

▪ Lóbulo parietal

Se encuentra cerca de la parte superior de la cabeza, y es el encargado de la orientación espacial, el movimiento, el cálculo y ciertos tipos de reconocimiento.

Una lesión o traumatismo en este lóbulo podría hacer que el usuario tuviese impedimentos a la hora de realizar tareas sencillas cotidianas.

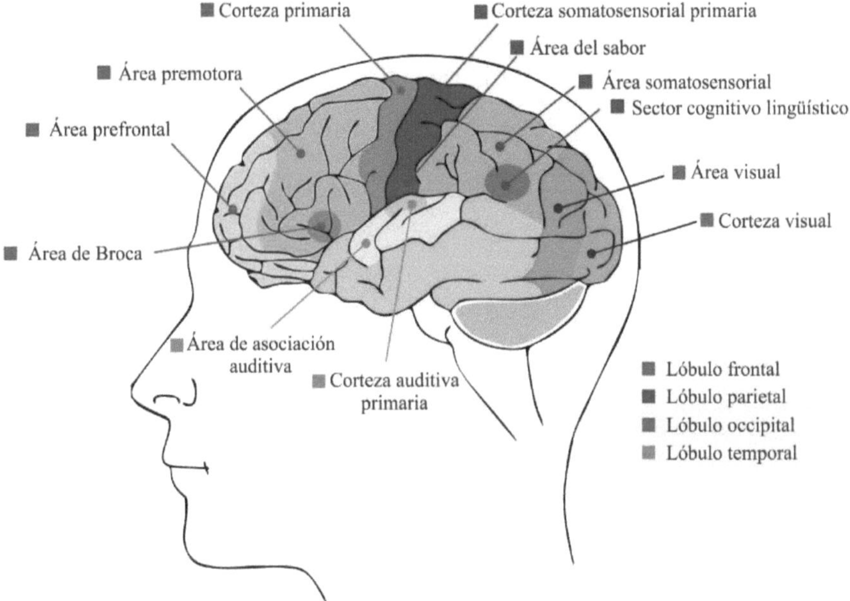

Figura 2: Zonas principales del cerebro (A. Córdoba, 2017)

Además de los lóbulos cerebrales, se debe hacer mención a otros dos elementos fundamentales de la parte externa del cerebro, que son la corteza motora y la corteza sensorial.

Estas dos cortezas se encuentran entre el lóbulo parietal y el lóbulo frontal. Tal como se ve en la figura 2, entre los dos lóbulos hay dos bandas que cruzan la parte superior del cerebro y que van de oreja a oreja. La banda más próxima a la parte delantera, es decir, a la frente del sujeto, es el córtex motor o corteza motora y la más próxima a la nuca, o a la parte posterior, sería el córtex sensorial o corteza somatosensorial.

- Corteza motora

Es parte del cerebro que trabaja con el cerebelo para coordinar el aprendizaje de las capacidades motoras. Es la que permite al cerebro controlar los movimientos del cuerpo.

- Corteza somatosensorial

Es la parte del cerebro que recibe la información que viene de la médula espinal y procesa las señales de contacto recibidas por diversas partes del cuerpo. Es la encargada de transmitir la información del sentido del tacto, incluyendo sensaciones de dolor y presión.

❖ Parte interna

Para contextualizar completamente la fisiología del cerebro, además de las partes externas ya mencionadas, se deben desarrollar las partes internas del mismo.

En la figura 3 se observar una sección transversal del cerebro, en ella se pueden apreciar las partes más relevantes de la zona interna del cerebro, que se definirán a lo largo de este apartado.

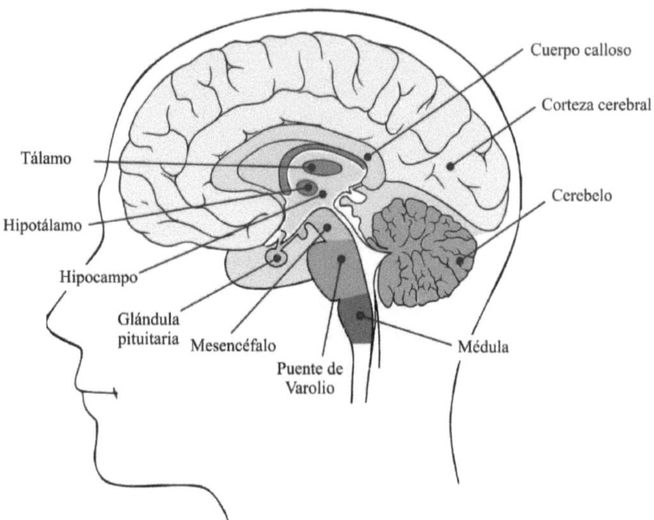

Figura 3: Zonas principales del cerebro (A. Córdoba, 2017)

- Bulbo raquídeo

Es conocido por el nombre de "cerebro reptiliano" y es considerado el área más antigua y más profunda del cerebro.

Se encarga de controlar y de supervisar las funciones vitales del cuerpo humano (el latido del corazón, la respiración, la digestión, la temperatura corporal, etc.). Es de vital importancia ya que es el punto donde terminan once de los doce nervios del cuerpo.

Acoge en su interior el sistema reticular activador, que es el encargado de mantener el estado de alerta del cerebro.

- Sistema límbico

Era conocido antiguamente como "cerebro mamífero". Sin embargo, en la actualidad se sabe que es una entidad funcional compuesta por diferentes componentes que interactúan con muchas otras partes del cerebro.

Estos componentes o estructuras de elementos que conforman el sistema límbico son las encargadas de funciones entre las que destacan la generación de emociones y el procesamiento de recuerdos emocionales.

Permite la interacción entre la razón y la emoción, debido a que se encuentra situado entre el cerebrum y el bulbo raquídeo.

Dentro de las estructuras o elementos que lo componen, se debe hacer mención a cuatro de ellas que son las más importantes a la hora de hablar de aprendizaje y memoria.

- *El tálamo cerebral*

Es el encargado de supervisar toda la información procedente del exterior. Toda la información sensorial (excepto el olor) que llega al cerebro se dirige primeramente hacia el tálamo, y desde ahí se envía a su correspondiente parte del cerebro para ser procesada.

- *El hipotálamo*

Situado justo debajo del tálamo, se encarga de supervisar los sistemas internos del cerebro para mantener el estado normal del cuerpo, es decir, se encarga de controlar el equilibrio de las hormonas, así como de moderar numerosas funciones corporales (temperatura corporal, el consumo de alimentos y líquidos, etc.)

- *El hipocampo*

En esta parte del cerebro se supervisa de forma constante toda la información que se acumula en la memoria y se compara con las experiencias ya almacenadas previamente. Este proceso es esencial para la elaboración de significado, es decir, sin este proceso el usuario no podría crear una experiencia o recuerdo de hechos, objetos y lugares.

- *La amígdala*

Tiene un papel muy importante en las emociones, sobre todo en el miedo. Se encuentra situada justo pegada al final del hipocampo.

Es la encargada de regular las reacciones del individuo ante ambientes que puedan afectar a la supervivencia (momento en el que atacar, escapar, aparearse, comer, etc.)

Así mismo, debido a las interacciones existentes entre la amígdala y el hipocampo el usuario puede recordar durante mucho tiempo aquellos acontecimientos que son importantes o emotivos.

- Cerebelo

Se encuentra situado en la parte anterior del cerebro, tras el bulbo raquídeo. Es una zona del cerebro que contiene más neuronas que todas las demás zonas del cerebro juntas, está altamente ordenada.

Se encarga de coordinar el movimiento, debido a que es donde se supervisan los impulsos de las terminaciones nerviosas de los músculos. Además, entre sus funciones, se encuentra la de almacenar los recuerdos de movimientos automatizados.

❖ Nivel celular: la Neurona

Cuando se habla del nivel celular se hace referencia a las células cerebrales, más conocidas como neuronas. Son el núcleo de funcionamiento del cerebro y de todo el sistema nervioso, son las células funcionales del tejido nervioso.

Son células excitables que se especializan en la recepción de estímulos y la conducción del impulso nervioso.

A grandes rasgos, se puede decir que estas neuronas se conectan entre ellas para formar redes de comunicación por las que transmitir señales o impulsos a lo largo del sistema nervioso del cuerpo humano.

Las partes fundamentales que componen la morfología de la neurona son:

- Núcleo

Es de gran tamaño y tiene forma ovoide o esférica. Contiene en su interior el ADN y la información celular.

- Cuerpo celular o soma

Se encuentra alrededor del núcleo y es el centro metabólico de la neurona. Es donde se realizan las actividades fundamentales para mantener la vida y las funciones de la célula nerviosa.

- Dendritas

Son bifurcaciones o prolongaciones del soma que aumentan la capacidad de contacto entre células nerviosas. Reciben impulsos eléctricos de otras neuronas y los transmiten a través del axón.

- Axón

Es una fibra larga que nace del soma y que, como ya hemos dicho, conduce el estímulo desde el soma hacía su destino, ya sea otra célula nerviosa, muscular o glandular. Suele haber sólo uno por neurona y se encarga de transportar proteína entre otras cosas.

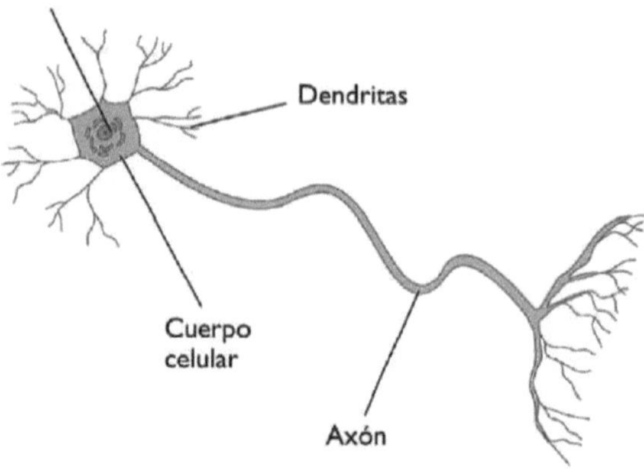

Figura 4: Partes fundamentales de la neurona

Además de su morfología, resulta de interés conocer las principales funciones de las que se encargan las neuronas dentro del cerebro de las personas. Las neuronas son las generadoras de las corrientes eléctricas o actividad eléctrica que se produce en el interior del cerebro.

Esta actividad se genera debido a los impulsos o diferencias de potencial que se transmiten a través del cerebro, estos impulsos son los que se conoce por "sinapsis".

La sinapsis neuronal es la zona de transmisión de impulsos nerviosos eléctricos entre dos neuronas o entre una neurona y una glándula o célula muscular. El término sinapsis se puede entender como "conexión", pero en la realidad se trata del pequeño espacio existente entre una neurona y otra, es decir la separación entre neuronas.

Este espacio es el encargado de dejar pasar la información que viaja de una neurona a otra para la transmisión de la información. Este proceso de transmisión de los impulsos eléctricos se compone en primer lugar de una terminación presináptica, que es la que contiene los neurotransmisores, en segundo lugar está presente una terminación postsináptica, que es la que contiene los receptores de los neurotransmisores, y por último está el espacio sináptico que es por donde viaja la información entre la terminación presináptica y la postsináptica.

Cuando la señal o impulso llega al extremo del axón de la neurona presináptica se encuentra con la hendidura o espacio sináptico que es lo que la separa de la siguiente neurona, para poder salvar esa distancia y recorrer ese espacio es necesario algún tipo de mecanismo para que la señal salte de una neurona a otra, este mecanismo es una sustancia química conocida como neurotransmisor. Esta sustancia se libera una vez la acción ha llegado al extremo de la neurona emisora creando una unión con la membrana de la neurona receptora y haciendo así posible que haya una transmisión de la acción, es decir, creando así la actividad eléctrica, esa conexión que se conoce como sinapsis.

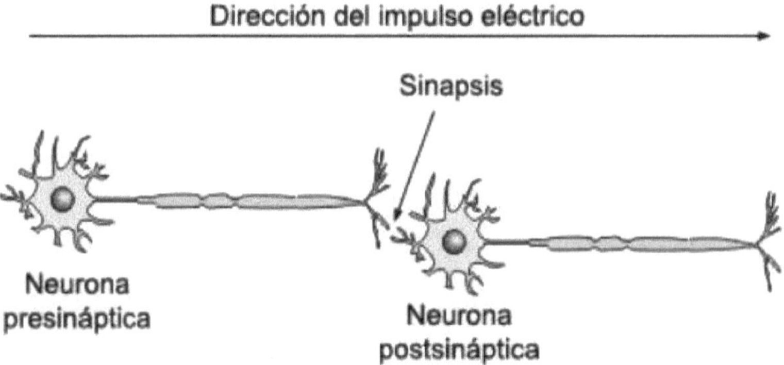

Figura 5: Sinapsis entre dos neuronas

Se puede dar por concluida esta breve introducción a la fisiología del cerebro, que es de gran importancia a la hora de contextualizar todos los estudios que se van a realizar durante el trabajo y que no son conocimientos con los que se esté familiarizado.

Sin embargo, no sería suficiente con conocer de forma anatómica o física el cerebro para entender el funcionamiento del mismo, para ello se necesita tener unas nociones básicas sobre cómo procesa el cerebro las informaciones o estímulos a los que se ve sometido, este conocimiento es imprescindible a la hora de comprender y enmarcar el contenido teórico de este estudio.

Es muy importante conocer los parámetros fundamentales en los procesos de cognición, es decir, es necesario ahondar en la manera en que el sujeto reacciona o presta atención a los estímulos a los que está sometido, y cómo transmite toda la información generada en el cerebro a la memoria, de manera que pueda ser procesada y de lugar a la respuesta a dichos estímulos.

Para entender mejor los parámetros esenciales en los procesos de cognición se recurre al manual de psicología escrito por Luis Carretié [2], "Anatomía de la mente", más concretamente en el capítulo dedicado a la Anatomía de la emoción y la cognición.

3.2.   Psicofisiología cognitiva

La importancia de conocer la psicofisiología cognitiva en este trabajo reside en que se van a necesitar los conocimientos sobre cómo las personas procesan la información y los procesos mentales por los que transita, para entender gran parte de las relaciones existentes entre los estímulos externos, su percepción y cómo estos afectan a los usuarios, es por ello por lo que este apartado es necesario dentro de la introducción a los conceptos neurocientíficos.

Este apartado del trabajo se dividirá en el estudio de los tres parámetros influyentes en esta anatomía de la cognición.

3.2.1. Emoción

Es un fenómeno mental omnipresente que puede manifestarse de diversas maneras, puede tratarse de una reacción puntual a un evento, así como de cambios más duraderos o un estado de ánimo que se prolongue durante horas o días. Incluso cuando estamos durmiendo experimentamos algún tipo de emoción, por débil que sea, no hay un solo momento del día en el que no esté presente.

3.2.2. Atención

Una de las características de la mente es que no puede ocuparse de muchos eventos a la vez, salvo que puedan procesarse de manera automática. Lo que significa que se podrían realizar acciones que tenga automatizadas mientras que se escucha una conversación, pero sin embargo no se podrían escuchar dos conversaciones a la vez.

Aquellas tareas o procesos que se tienen automatizados activan menos recursos cerebrales, por lo que, si pueden simultanearse, mientras que los procesos que necesitan ser controlados (como atender a una conversación) implican al cerebro en mayor medida, es decir, involucran más recursos cerebrales.

 Es posible que en la realización de alguna tarea de importancia se saturen los recursos cerebrales de los que se disponen y sea necesaria la desactivación de todos los demás eventos.

La atención se divide generalmente en la mayoría de estudios en dos tipos, la atención exógena o bottom-up y la atención endógena o top-down.

❖ Atención exógena

Es un proceso guiado extrínsecamente, es decir, no se lleva a cabo de manera voluntaria, sino que está provocado por ciertos estímulos.

Este tipo de atención es de vital importancia para que el ser humano pueda adaptarse y sobrevivir en el medio, es la que le da la capacidad de poder interrumpir la tarea a la que está atendiendo para así dirigir la atención a los estímulos que le rodean. Este tipo de estímulos a los que se hacen referencia pueden ser en primer lugar cualquier cambio improbable o no esperado en el entorno que atrae la atención, y en segundo lugar un estímulo que no es novedoso, pero sí significativo o importante para el sujeto.

❖ Atención endógena

Es el tipo de atención que se da cuando se decide prestar atención conscientemente a un estímulo, como puede ser cualquier señalización de tráfico. En este caso se seleccionan unos estímulos frente a otros en función de determinados atributos estimulares.

Estos atributos, a diferencia de cuando el estímulo se captura automáticamente, son coyunturales, no universales, es el individuo el que los define de forma controlada y consciente.

Esta atención se puede diferenciar en dos subtipos, la atención, cuando se está pendiente de un evento concreto y predefinido que es probable que ocurra o que se está esperando, y la atención post-estímulo que aparece una vez se percibe el evento al que se ha decidido conscientemente prestar atención.

3.2.3. Memoria

Se considera memoria al amplio conjunto de procesos que se relacionan con el almacenamiento de información en el cerebro.

La clasificación más básica, y con la que se trabajará durante la realización del trabajo, es la que divide la memoria en memoria de trabajo (o memoria a corto plazo) y memoria a largo plazo. Cabe mencionar que este es un tema en continuo estudio y que tiene inmensidad de divisiones distintas.

❖ Memoria de trabajo (a corto plazo)

En muchos casos podría considerarse como sinónimo de memoria a corto plazo, sin embargo, existen diferencias sutiles entre una y otra.

Cuando se hace referencia a memoria a corto plazo se alude a algo almacenado temporalmente, una retención momentánea de información.

Sin embargo, cuando se habla de memoria de trabajo se refiere a algo que también se almacenará temporalmente pero que requiere un mantenimiento activo de la información archivada durante un corto periodo de tiempo. Esta información posteriormente podría pasar o no a la memoria a largo plazo. Este tipo de memoria puede operar tanto con información verbal (retener el nombre de varias personas) o sensorial (recordar donde está sentada cada persona y qué han pedido en una reunión).

❖ Memoria a largo plazo

Es la que nos permite almacenar información durante años sin necesidad de mantenerla activa. Se puede hacer una subdivisión de esta memoria en dos tipos principalmente, la primera, la memoria explícita, que es la que está implicada con el recuerdo consciente de la información, y la segunda, la memoria implícita, que es la que interviene en un recuerdo no consciente o automático de la información.

Una vez definidos los dos tipos de memoria, es importante contextualizar de qué manera almacena la información y cuál es el proceso que se sigue, es decir, la arquitectura del procesamiento de la información.

El camino que sigue la información dentro de la mente de los seres humanos comienza a partir de un acontecimiento externo o input/entrada sensorial, es decir, un estímulo externo. Este estímulo o input es percibido y comienza a procesarse en el almacén de la memoria sensorial, ya que el estímulo se percibe a través de los sentidos del individuo. Una vez se ha percibido dicho estímulo, pasa a los procesos atencionales, a través de los cuales recibe una codificación, es decir, pasa de ser un estímulo externo a ser una información que el cerebro puede procesar, y se almacena en la memoria a corto plazo o memoria de trabajo. Por último, esta información puede o bien ser desechada, ya que no se considera necesaria mantenerla, o bien puede pasar a ser codificada y almacena en la memoria a largo plazo para así poderla recuperar en el momento en el que sea necesario.

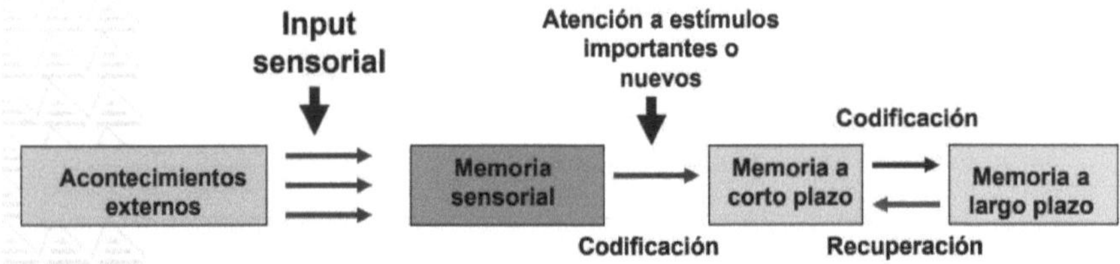

Figura 6: Proceso y etapas de la memoria

4.METODOLOGÍA DE REVISIÓN

A continuación, se expone el proceso de revisión llevado a cabo durante el trabajo para establecer el estado del arte, que se basa en una búsqueda sistemática en diferentes bases de datos científicas, de manera que se puedan recopilar el mayor número de textos posibles a revisar, que puedan aportar una visión global de los conceptos mencionados en el punto anterior.

El trabajo se basará en una revisión de tipo Status Quo, uno de los tipos de revisión bibliográfica propuesto por Mayer [3]. Se define este tipo de revisión, según el autor, como la descripción más actual de un tema o campo de investigación determinado. Si en lugar de fijar el trabajo en los tipos de revisión de Mayer, se hace en base a los tipos de revisión bibliográfica propuesta por Squires [4], entonces el tipo de revisión utilizada es la de tipo descriptiva. Squires la define como una puesta al día de los conceptos útiles para áreas de conocimiento en constante evolución. Este tipo de revisión encaja con el trabajo debido a que lo que se busca es describir el estado actual de conocimiento sobre los temas investigados, por lo tanto, se trata de una revisión de tipo descriptiva. Ambos tipos de revisiones (Status Quo y descriptiva) se complementan ya que tratan el estudio o revisión de un concepto o área de conocimiento desde puntos de vistas descriptivos.

En primer lugar, la revisión se centra en definir los conceptos claves para cada una de las perspectivas de la triada de la Neuroingeniería [Fig. 1], siempre teniendo presente que el área de conocimiento de interés principal es el diseño industrial (engineering deisgn) o el diseño de productos (product design).

En segundo lugar, esta revisión tratará de encontrar para cada una de los enfoques del estudio las mejores técnicas tanto psicológicas como neurocientíficas para poder abordar, estudiar y trabajar con el neurodiseño, la neurousabilidad y la neurogestión. De esta parte del trabajo saldrán las técnicas en las que posteriormente se profundice en la tercera parte de la revisión.

Por último, en la tercera parte de la revisión, se centrará el estudio en analizar las técnicas experimentales que hayan resultado de mayor interés en el apartado anterior de la revisión. Esta parte del estudio se llevará a cabo siguiendo un tipo de revisión que se denomina Issue Review, según los tipos de revisiones de Mayer [3]. Se define este tipo de revisión, según el autor, como la investigación de un problema o concepto concreto en un campo específico de investigación. En cuanto a los tipos de revisiones propuesta por Squires [4], se llevará a cabo una revisión de tipo exhaustiva, este tipo de revisión se define como una investigación con comentarios de los trabajos más relevantes existentes hasta el momento de los temas analizados. Estos dos tipos de revisión son complementarios entre sí, ya que tratan la revisión de un tema o concepto concreto de una forma detallada. Por lo tanto, en esta parte del trabajo se analizarán publicaciones científicas específicas sobre cada uno de los enfoques de la Neuroingeniería.

Para llevar a cabo la realización del estado del arte que compone este trabajo y que se estructura como se ha mencionado anteriormente, lo que se realizó fue un análisis de las publicaciones científicas más relevantes de cada una de las perspectivas del estudio, con el fin de encontrar en ellas las similitudes o características significativas para poder definir los conceptos e identificar las técnicas más relevantes para su estudio. Para ello se llevó a cabo una aproximación de los términos principales del estudio mediante Google Académico, posteriormente se complementó la búsqueda con otros tres buscadores científicos especializados como son Scopus, WOS y PubMed, para así hacer la recopilación de los trabajos que deberían ser revisados.

El establecimiento del estado del arte necesitó de una serie de criterios para que resultase más sencilla la selección y clasificación de las publicaciones científicas que se iban a incluir en el trabajo. En primer lugar, se aplicó un criterio temporal, que acotó la búsqueda desde aproximadamente los años 2000 hasta la actualidad (2020), no por ello se han excluido artículos o textos de interés que sean anteriores al año 2000, porque existen ciertas publicaciones clásicas en las que basan los estudios actuales y que hay que seguir incluyéndolas en el estado del arte. Además, se incluyó el criterio de contexto del concepto, es decir, que para todos los conceptos se ha centrado la búsqueda en todas aquellas publicaciones científicas que tengan relación de algún modo con el área de conocimiento de la ingeniería en la medida de lo posible, no significa que todas las publicaciones tengan que estar obligatoriamente relacionadas con este concepto, pero es lo preferible a la hora de decidir entre los posibles textos.

5. NEURODISEÑO

A lo largo de este capítulo se procederá, tal como se ha explicado en la metodología, a tratar de dar una definición lo más precisa y comprensible posible del concepto de neurodiseño a través de la revisión de tipo descriptiva o Status Quo de las publicaciones científicas revisadas.

Una vez definido el tema de interés, se buscarán las mejores técnicas de estudio del mismo, de manera que se expongan las opciones de aproximarse al neurodiseño ya sea de a través de técnicas de índole neurobiológico o a través de técnicas relacionadas con la psicología o la cognición.

Por último, se realizará una revisión de tipo exhaustiva o Issue Review de las técnicas que se consideren de especial interés para tratar de forma experimental el neurodiseño, estas técnicas serán escogidas entre las publicaciones científicas revisadas durante este apartado.

5.1.   Estado del arte para el neurodiseño

Para llevar a cabo el procedimiento de revisión bibliográfico y poder desarrollar el estado del arte para el enfoque de neurodiseño, lo primero que se ha de realizar es un análisis del concepto a través de búsquedas en las bases de datos científicas que se seleccionadas.

En el caso concreto de este trabajo, se ha realizado una búsqueda del término "Neurodiseño" y del mismo término en inglés "Neurodesign", para obtener mayor número de resultados, en las bases de datos Google Académico, Scopus, Web of Science (WOS) y Pubmed, con el objetivo de conseguir el mayor número de textos científicos a revisar sobre este tema, que no está aún muy desarrollado. De esta primera aproximación se ha generado una gráfica comparativa de la cantidad de artículos encontrados en cada una de las bases de datos, para tener una idea de la cantidad de publicaciones existentes sobre esta primera perspectiva propuesta en el trabajo.

La búsqueda del término "Neurodiseño" arrojó resultados muy desalentadores, ya que solo se obtuvieron resultados en Google Académico (57 resultados), se decidió realizar la búsqueda en inglés de modo que se obtuviesen mayores publicaciones a revisar. Del término "Neurodesign" las coincidencias encontradas en las bases de datos arrojaron un total de 16 textos en Scopus, 8 publicaciones en WOS, 2 en Pubmed y un total de 260 textos en Google académico.

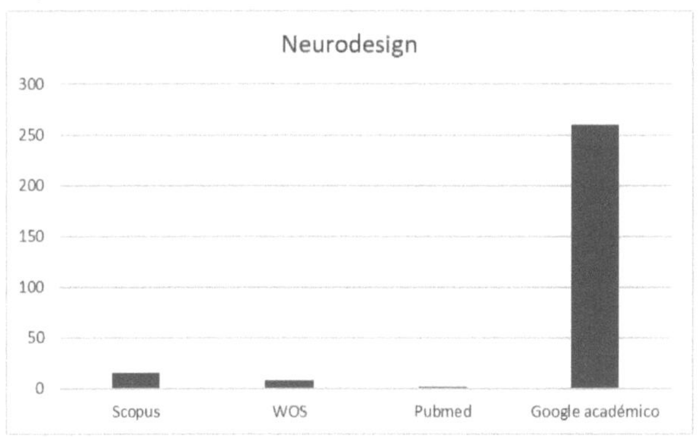

Gráfico 1: Presencia en buscadores (elaboración propia)

Además de estos datos comparativos entre las diferentes bases de datos, se ha considerado de interés ver otra serie de información relevante sobre el término Neurodesign, como es, por ejemplo, la evolución temporal del número de publicaciones sobre este tema a lo largo de los años estudiados, así como los principales autores que realizan las publicaciones científicas o las áreas con las que están relacionadas los textos, con el fin de centrar la atención en aquellas que tengan mayor relación con la ingeniería o el diseño de productos, como ya se comentó en el capítulo de metodología.

La obtención de dicha información relevante se ha realizado a través de la base de datos Scopus, dentro de las bases de datos científicas utilizadas es en la que se han obtenido más resultados, sin contar la web de consulta Google Académico.

Se han generado las siguientes gráficas con los resultados obtenidos:

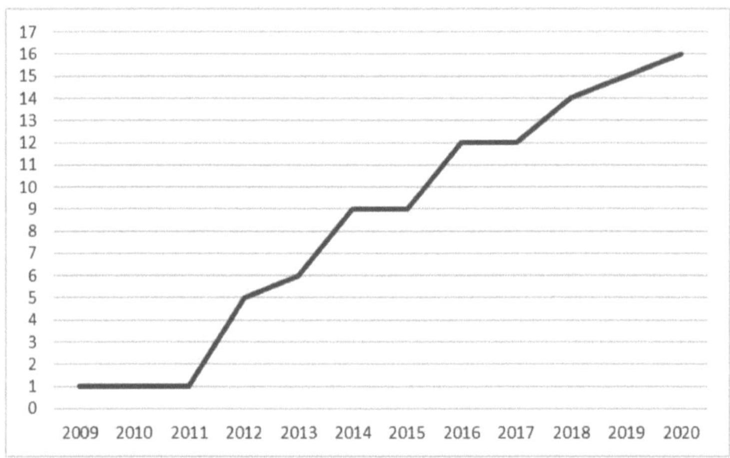

Gráfico 2: Total publicaciones en el tiempo (elaboración propia con datos Scopus 2020)

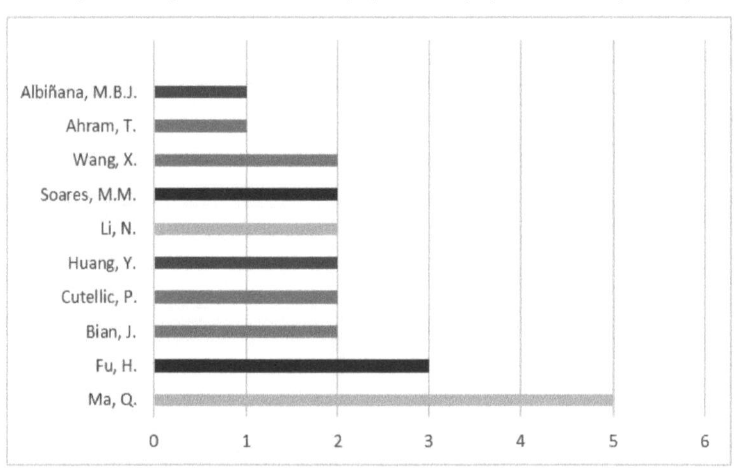

Gráfico 3: Autores predominantes (elaboración propia con datos Scopus 2020)

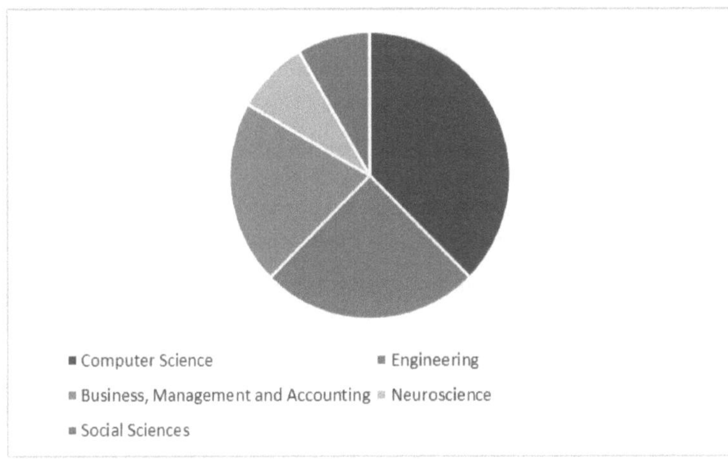

Gráfico 4: Distribución por sectores (elaboración propia con datos Scopus 2020)

5.2. Concepto de neurodiseño

Desde que se entendió el diseño como una disciplina de estudio y se empezó a registrar su actividad, este ha sufrido numerosos cambios, casi todos ellos debido a los cambios tecnológicos sufridos por la sociedad. El diseño se ha servido de estas mejoras tecnológicas, o de la aparición de nuevos recursos para mejorar las técnicas y las herramientas tradicionales de diseño, sustituyéndolas por las mejoras disponibles, generando así nuevas metodologías o procedimientos de diseño.

Este tipo de avances tecnológicos están íntimamente relacionados con ciertos aspectos del diseño, como son la presentación de los productos, el manejo de la información, la realización de ciertas tareas repetitivas relacionadas con el diseño, el proceso de desarrollo del concepto, etc., sin embargo, dejan al descubierto que existen aún gran cantidad de trabajo por realizar de cara a mejorar los procesos creativos o la generación de ideas innovadoras para llegar a las soluciones de los problemas de diseño. Se puede decir, que en las primeras fases del diseño aún se encuentra que el factor humano es vital a la hora de generar ideas novedosas o creativas de diseño.

Se cree que, si los avances en el campo tecnológico han supuesto una mejora sustancial en los procesos de diseño de productos, los avances en el campo científico pueden aportar una nueva visión en los planteamientos teóricos y metodológicos de la disciplina del diseño, aportando mejoras en los procesos creativos y acercando al diseñador a su usuario objetivo.

Debido a este planteamiento, se centra el estudio en los avances en el campo neurocientífico, tal como se expuso en el capítulo anterior, la neurociencia abre una puerta al conocimiento de la conducta del ser humano, así como a sus procesos cognitivos, posibilitando así una aproximación científica al ser humano desde un enfoque biológico.

La aplicación de las técnicas neurocientíficas en el ámbito del diseño industrial da la oportunidad de que se obtenga una información más realista y cercana al usuario, dado que los procesos de memoria, percepción y aprendizaje, que tanto interesa conocer para el diseño de productos, se encuentran íntimamente relacionados con los procesos neuronales que son objeto de estudio mediante las técnicas neurocientíficas.

La posibilidad, por tanto, de poder acceder y conocer con mayor detalle estos procesos neuronales de los usuarios objetivos de los diseños es de vital importancia para comprender la manera en la que las personas reaccionan ante los productos, pudiendo así diseñar de acuerdo a la manera de entender y procesar la información de los usuarios.

De esta necesidad de conocer los procesos neuronales en el diseño, así como de los avances científicos, surge la fusión entre la neurociencia y el diseño de producto, naciendo el neurodiseño.

Esta nueva disciplina de diseño permite complementar el enfoque basado en planteamientos teóricos y metodológicos, en los que anteriormente se cimentaba el diseño de productos, con la posibilidad de comprender mejor la cognición y la conducta de los seres humanos, acercando así a los investigadores y científicos con los usuarios del diseño, que son finalmente el público objetivo de todos los proyectos.

Una primera aproximación a la definición de neurodiseño sería conceptualizarlo como el lugar en el que se encuentran o se enlazan el diseño de productos con las emociones de los usuarios, esto puede verse mejor en la siguiente relación propuesta por Ef neurodesign:

$$[F+U+A]*E$$

F = Se corresponde con el producto o servicio que cumple una funcionalidad o finalidad, es decir, que soluciona un problema.

U = Cuando además de cumplir con su funcionalidad, el producto o servicio es fácil de usar, cómodo, intuitivo y seguro. Se considera como el preludio de la emoción.

A = Se trata de una estética cuidada y agradable que nos facilita desempeñar mejor las actividades relacionadas con el producto o servicio.

E = Representa que la toma final de decisiones por parte de los sujetos es inconsciente y emocional.

Otra posible definición es la ofrecida por Gallace [5], que considera que el neurodiseño es la aplicación de conocimientos, técnicas y métodos neurocientíficos en el diseño y desarrollo de productos en el campo de la investigación, la educación y la práctica profesional del diseño.

Se podría decir que el neurodiseño se encuadra dentro de una práctica transhumanista que prima la satisfacción del usuario por encima de otras motivaciones como podrían ser las económicas, políticas, etc. Se entiende el transhumanismo como un movimiento internacional que centra sus esfuerzos en mejorar la condición humana a través del desarrollo de la tecnología, mejorando las capacidades de la población tanto a nivel físico, como intelectual o psicológico.

Por último, se establecen, según Herrera [6], tres ámbitos de aplicación o actuación del neurodiseño, que son los siguientes:

- Aplicación de conocimientos neurocientíficos que, a pesar de haber sido desarrollados con otra finalidad, son potencialmente útiles para mejorar la práctica en el ámbito del diseño.

- La utilización de métodos, técnicas y herramientas de investigación neurocientífica para el diseño, desarrollo y evaluación de productos y entornos.

- El diseño y desarrollo de nuevos productos y entornos a partir de la aplicación innovadora de dispositivos y herramientas desarrolladas con fundamentos neurocientíficos.

5.3. Técnicas fisiológicas (biométricas) para estudiar el neurodiseño

Durante el desarrollo de este apartado se va a realizar una recopilación de las numerosas técnicas o herramientas psicofisiológicas y neurocientíficas que puedan aplicarse en el estudio del usuario, sus procesos mentales y de toma de decisiones.

Las técnicas que se van a analizar, comenzaron a usarse fuera del ámbito neurocientífico en estudio de neuromarketing o neuroergonomía, este tipo de estudio se consideran los pioneros en probar la implementación de este tipo de técnicas de registro fisiológico para tratar de comprender la motivación de los usuarios en los procesos de toma de decisiones. Se considera que este tipo de técnicas o estudios pueden ser extrapolables para otro tipo de entornos o proyectos, como pueden ser los estudios de neurodiseño.

Este tipo de técnicas fisiológicas por sí mismas solo serían unas medidas de registro, para darles la perspectiva necesaria se deben combinar con conceptos y teorías psicofisiológicas para poder evaluar los factores recogidos que afectan tanto a la salud como a los estados psico-afectivos. Por lo tanto, los elementos principales para la aplicación de estas técnicas al neurodiseño, son los registros fisiológicos y el contexto psicológico que se le dé para evaluar los resultados obtenidos de los registros.

Se pueden clasificar las técnicas de registro en tres categorías diferenciadas, en función del sistema que rige la respuesta que se mide [7]:

- Sistema nervioso vegetativo o autónomo: encargado de la actividad electrodérmica, la actividad pupilar, la temperatura corporal, la actividad cardiovascular, la actividad gastrointestinal y la respuesta sexual. Las técnicas psicofisiológicas asociadas a este sistema son la oculometría y la evaluación de la respuesta galvánica de la piel.

- Sistema nervioso central: encargado de controlar la actividad electroencefalográfica a través de técnicas como los potenciales evocados y las técnicas de neuroimagen funcional. Las técnicas psicofisiológicas de interés son la electroencefalografía y la resonancia magnética.

- Sistema nervioso somático: se encarga de la actividad muscular, los movimientos oculares y de la actividad respiratoria. Las técnicas psicofisiológicas que se asocian a este sistema son la electromiografía y la oculometría.

En la actualidad, para obtener estas respuestas psicofisiológicas a través de las técnicas de registro se sigue una secuencia de pasos que está bastante estandarizada salvo por los aspectos propios de cada una de las técnicas, como son la forma de captación, el filtrado y tratamiento de la señal, el registro o el análisis de la misma, entre otras.

Son numerosas las técnicas que se usan hoy en día y que tienen aplicación de interés en la psicofisiología, con ellas se pueden estudiar muchas señales distintas, desde potenciales evocados, potenciales relacionados con eventos discretos, respuesta galvánica de la piel, ondas cerebrales, ondas magnéticas, ritmo cardíaco y la variabilidad del mismo, hasta movimientos oculares, seguimiento de la mirada o cambios del diámetro de la pupila [8].

A continuación, se muestra la selección de las técnicas que se consideran de mayor interés en el estudio de la psicofisiología.

5.3.1. Electroencefalografía (EEG)

Se puede considerar como la técnica neurocientífica más utilizada y que más tiempo lleva proporcionando información sobre la mente. Se registró por primera vez en humanos en 1929 en un estudio de Hans Berger, donde se describieron dos tipos importantes de actividad cerebral espontánea, las ondas alfa y beta.

El motivo por el que se emplea más que otras técnicas es por su reducido coste frente a otras técnicas de obtención de imagen cerebral, y por tratarse de una técnica no invasiva.

El origen de la actividad eléctrica de las señales EEG se registra en el cuero cabelludo a través de las diferencias de potencial generadas, pero se origina en las corrientes eléctricas que provocan las neuronas activas. Estas señales quedan recogidas mediante unos electrodos situados en el cuero cabelludo del sujeto de estudio, que además están conectados a unos amplificadores de señal para poder evaluarla con mayor facilidad. De esta manera se es capaz de medir y estudiar la actividad cerebral por zonas.

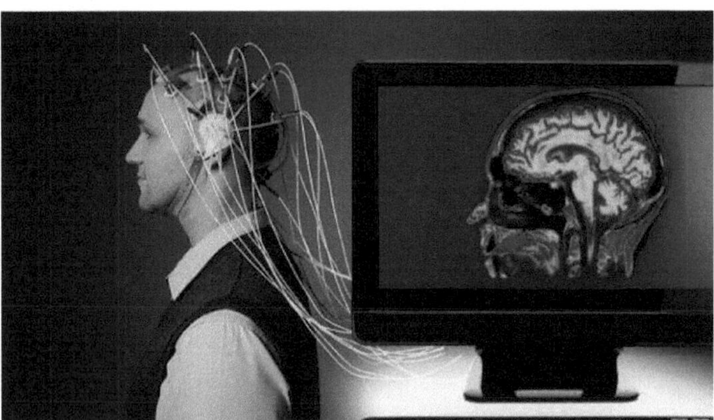

Figura 7: Electroencefalografía

Se trata de una señal con máxima resolución temporal, puesto que discrimina y sitúa en el tiempo, de forma adecuada, distintas respuestas cerebrales. Puede además proporcionar información espacial de baja resolución gracias al desarrollo de algoritmos matemáticos que son capaces de calcular qué áreas de la corteza cerebral originan la actividad registrada en el cuero cabelludo. Consiste en discriminar y situar de forma orientativa en el espacio las respuestas cerebrales.

Sin embargo, esta técnica tiene como inconveniente que existe una limitación espacial debido al número de electrodos que se pueden colocar en el usuario y al posicionamiento de los mismos. Además, es un receptor de las señales o de la actividad cortical, siendo ciego a las señales subcorticales, es decir, ofrece datos que no son del todo fiables cuando se intenta medir la parte interna del cerebro.

Como ventaja ofrece que se puede aplicar dicha técnica mientras el usuario está realizando la actividad de estudio, está interaccionando con el producto o está ejecutando una tarea en el entorno.

Se ha demostrado que se puede encontrar una relación entre la actividad neuronal y las emociones, de manera que se puede relacionar la respuesta medida con esta técnica con la emoción que evoca en el usuario del diseño, radicando ahí la relevancia de este tipo de técnicas en el neurodiseño.

5.3.2. Oculometría / eyetracking

El principal objetivo de esta técnica es la medición de la respuesta de los usuarios debido a un estímulo visual externo a través del seguimiento del movimiento que realizan los globos oculares. Mediante cámaras de alta velocidad se recoge tanto el movimiento de los globos oculares como el parpadeo del sujeto o la dilatación que sufre la pupila.

Figura 8: Oculometría

Con la información obtenida mediante el registro de la respuesta ocular del sujeto ante el estímulo se pueden conocer los recorridos visuales y así evidenciar en qué zonas del producto o del entorno se ha detenido durante mayor intervalo de tiempo, generando así lo que se conocen como mapas de puntos calientes.

Esta técnica ha sido utilizada ampliamente en el ámbito del marketing y en el diseño de interfaces. Se pretende con la utilización de la oculometría buscar las zonas de atención en los proyectos publicitarios o evaluar qué zonas de las interfaces someten a los usuarios a mayor carga cognitiva o dónde se encuentra la zona de mayor complejidad.

La aplicación de esta técnica en los estudios o proyectos de neurodiseño, reside en que a través del eyetracking se pueden conocer cuáles son las zonas o los elementos que captan más la atención del usuario en los productos o entornos diseñados, de manera que se puedan comparar diferentes opciones de diseño entre sí y evaluar la respuesta del usuario o bien para saber qué zonas son las de mayor importancia en el diseño para mejorarlas.

5.3.3. Electromiografía (EMG)

Esta técnica se encarga de captar la diferencia de potencial que se genera durante la contracción de los músculos. Para obtener el registro de la respuesta existen dos métodos diferentes, o bien se puede usar un método invasivo en el que la diferencia de potencial se registra a través de agujas, o bien se puede captar con electrodos que se colocan superficialmente, es decir, se trata de un método no invasivo.

No existen registros del uso de la electromiografía en el ámbito del neurodiseño, muy pocos autores han experimentado con esta técnica. Sin embargo, su uso sí que ha estado muy presente en los estudios de ergonomía desde hace mucho tiempo. A través de esta técnica era posible evaluar la carga muscular a la que estaban sometidos los usuarios durante la realización de una tarea concreta, y las posibles lesiones músculo-esqueléticas que podrían estar ligadas al desempeño de la actividad.

Su uso está muy ligado a la evaluación de los puestos de trabajo, ya que permite registrar los datos durante el desempeño de la tarea y permite medir el esfuerzo físico al que está sometido el trabajador. Esto arroja datos evaluables que ayudan a conocer el momento concreto de la actividad en la que los músculos están realizando un sobre-esfuerzo y pueden llegar a entrar en fatiga y provocar errores en la tarea.

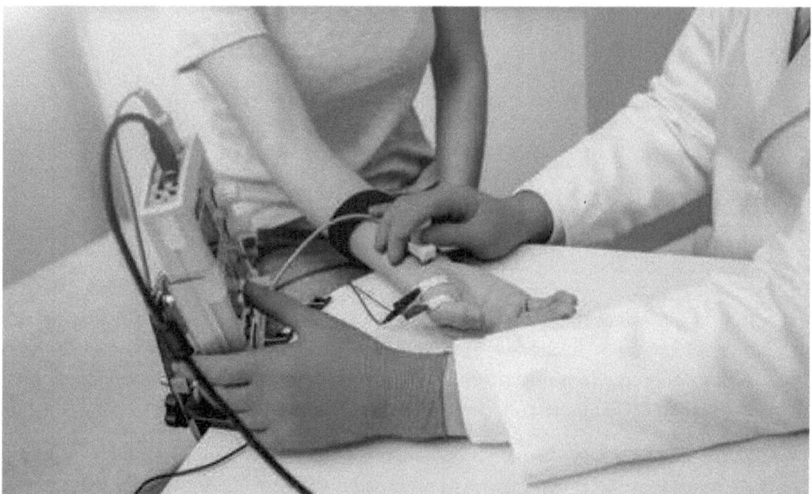

Figura 9: Electromiografía

Sin embargo, la principal aplicación de esta técnica que interesa para los estudios de neurodiseño reside en el registro de las microexpresiones faciales a través de la electromiografía facial. Mediante la medición eléctrica de los músculos de la cara, principalmente el músculo superciliar y el cigomático, se pueden encontrar conexiones con los estados emocionales del sujeto. A través de la relación entre las microexpresiones y las emociones asociadas se puede evaluar el estado psico-afectivo que le produce el producto o el entorno al usuario.

5.3.4. Electrocardiografía (ECG)

A través de este tipo de técnicas lo que se mide es la velocidad de los latidos del corazón, o lo que es lo mismo, el ritmo cardíaco. Estas señales están relacionadas con reacciones fisiológicas como son el esfuerzo físico, el esfuerzo cognitivo o la atención.

Se podría entender que la disminución en la velocidad de los latidos en un corto período de tiempo está relacionada con un incremento de la atención ante un estímulo concreto, así como que la aceleración del ritmo cardíaco está más relacionada con la activación o con una respuesta defensiva (negativa) antes un estímulo.

5.3.5. Resonancia magnética funcional (FRMI)

Mediante la resonancia magnética se obtienen imágenes de la actividad cerebral a tiempo real durante la realización de una actividad concreta. La técnica establece que existe una relación entre un incremento de la cantidad de oxígeno en la sangre en una zona de análisis en el cerebro y un incremento de la actividad neuronal en dicha zona. Por lo tanto, la medición que se realiza con esta técnica es la cantidad de oxígeno en la sangre (BOLD, Blood Oxigenation Level Dependent) en una zona del cerebro que está siendo sometida a análisis.

El principal aspecto positivo de esta técnica es que permite realizar mediciones en las zonas internas del cerebro, a diferencia de la electroencefalografía. El punto negativo es el alto coste de este tipo de procedimientos, esto hace que no sea una técnica muy extendida entre los estudios científicos de neurodiseño.

Sin embargo, sí existen algunos estudios realizados en el campo del neuromarketing para evaluar la impresión de los usuarios ante las campañas publicitarias. Mediante esta técnica se puede registrar la actividad subconsciente, lo que da una importante información para poder mejorar el mensaje publicitario que se quiere transmitir. El hecho de que estas técnicas hayan sido usadas con éxito en el ámbito del marketing sugiere la posibilidad de poder trabajar con ellas en el ámbito del diseño, pudiendo ir más allá en el estudio neuronal.

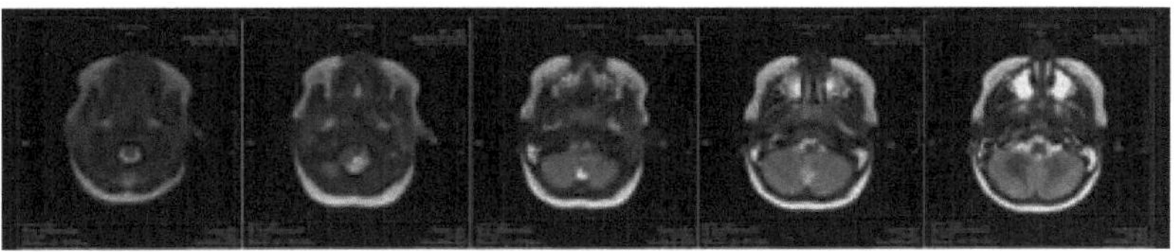

Figura 10: FRMi

5.3.6. Respuesta galvánica de la piel

Esta técnica se encarga de medir las continuas variaciones que sufre la piel en sus características eléctricas. La medición de este tipo de señal no tiene mucha dificultad, se trata de dos electrodos colocados en el segundo y tercer dedo de una mano. La variación de una corriente aplicada de bajo voltaje entre los dos electrodos se utiliza como medida de la actividad electrodérmica (EDA).

Estas variaciones en las características eléctricas de la piel pueden estar causadas, por ejemplo, por la variación en la sudoración del cuerpo humano, generando así cambios en la conductancia eléctrica. Es por esto por lo que la técnica es también conocida por el nombre de actividad electrodérmica o conductancia de la piel.

Esta técnica se sustenta con la teoría de que la resistencia de la piel varía con el estado de las glándulas sudoríparas de la piel, que están reguladas por el sistema nervioso autónomo. Debido a la relación existente entre la conductancia de la piel y la respuesta del sistema nervioso simpático de los humanos, se puede hablar de una relación directa con la regulación del comportamiento emocional de las personas.

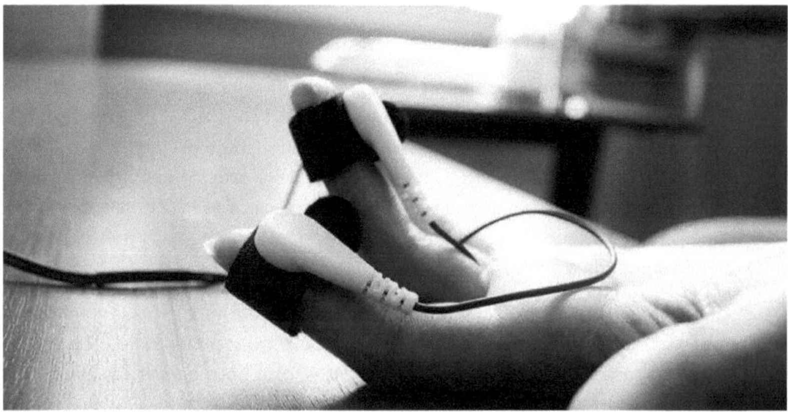

Figura 11: Respuesta galvánica de la piel

Se han desarrollado nuevos equipos médicos, compuestos por dispositivos portátiles, con la intención de poder realizar este tipo de mediciones fuera del entorno del laboratorio, es decir, en el entorno en el que se realiza la actividad, con el fin de poder evaluar algunos estados mentales como son el estrés o el cansancio/fatiga a través de la respuesta galvánica de la piel. Por este motivo se tiene la creencia de que este tipo de mediciones pueden llevar a evaluar la motivación o el estado mental de los sujetos durante el uso de los productos diseñados con mayor facilidad que con otras técnicas expuestas anteriormente.

Para terminar de cerrar este apartado referente a las técnicas biométricas existentes, se propone una metodología de trabajo para realizar estar evaluaciones biométricas, es decir, se propone una secuencia de evaluación que podría ser usada por los ingenieros de diseño a la hora de tener que poner en práctica algún estudio que use estas técnicas de medición.

En primer lugar, el ingeniero de diseño tendría que realizar una selección de la técnica de medición que desea utilizar de entre todas las que se han expuesto a lo largo de este capítulo, en función de las necesidades de medición que quiera cubrir con la evaluación.

Una vez seleccionada la técnica de medición, se debe exponer a los sujetos de estudio al estímulo externo que se quiera medir, captando a través de la técnica de medición la señal generada como reacción a ese estímulo.

Con la señal captada, el siguiente paso a realizar sería el de filtrado de la señal, de manera que se eliminen todos aquellos elementos discordantes o que no aportan información útil a la medición. De este modo el diseñador se debe quedar únicamente con la señal propia de la actividad cerebral sufrida a raíz del estímulo externo.

Sobre esa señal filtrada será sobre la que se registren los resultados obtenidos y se realice la evaluación de dichos resultados para obtener las conclusiones finales de la evaluación.

Gráfico 5: Secuencia de evaluación biométrica

Se muestra, además, una tabla comparativa de todas las técnicas biométricas expuestas, apoyada en el estudio de Covarrubias y Mendoza, en el que se puede observar los recursos y personal necesario para realizar cada una de las mediciones, así como el tipo de respuesta que se obtiene, para así ayudar a los diseñadores a seleccionar de manera correcta la técnica que mejor se adapta a las necesidades de la evaluación que se quiera realizar.

Método/Técnica		Recursos específicos necesarios	Personal especializado	Cualitativo (QLY) / Cuantitativo (QNT)	Tipo de información
Neurociencia	EEG	Equipamiento de biofeedback (casco EEG)	Neurocientífico / Personal médico / Examinador	QNT	Relación entre el estímulo y la respuesta emocional
Biométrica	Eyetracking	Equipo Eyetracker	Examinador	QNT	Intensidad y tipo de estado emocional específico
Biométrica	EMG	Equipamiento de biofeedback	Personal médico / Examinador	QNT	Intensidad y tipo de estado emocional específico
Neurociencia	FRMI	Escáner de resonancia magnética	Neurocientífico / Personal médico / Examinador	QNT	Relación entre el estímulo y la respuesta emocional
Biométrica	Respuesta galvánica de la piel	Equipamiento de biofeedback	Personal médico / Examinador	QNT	Intensidad y tipo de estado emocional específico

5.4. Técnicas psicológicas (psicométricas) para estudiar el neurodiseño

En este apartado, en lugar de estudiar las técnicas que se encarguen de cuantificar una señal biológica mesurable provocada en el ser humano, es decir, las técnicas biométricas, se van a estudiar las técnicas que se enmarcan dentro del ámbito psicométrico, aquellas que miden atributos psicológicos de la mente humana. Estos atributos son rasgos que no se pueden medir ya que no son observables o cuantificables, pero que tienen una gran importancia a la hora de caracterizar la personalidad, la conducta o las decisiones de los usuarios.

Al tratarse de atributos a los que no se puede acceder a través de mediciones directas y que se basan en conceptos teóricos, tienen que evaluarse con herramientas específicamente diseñadas para ello. A lo largo de los años se han desarrollado las técnicas clásicas de evaluación de los constructos psicológicos como son las escalas, los cuestionarios, los test, etc.

Para trabajar con este tipo de técnicas se recurre a lo que se conoce en psicología como situaciones experimentales, en las que se somete a los sujetos a ciertos estímulos o modificaciones de su entorno o de las condiciones que les rodean de manera que se provoque en ellos una respuesta a dicho estímulo que se pueda ser observada.

La reacción de los usuarios a estos estímulos durante la utilización de un producto o la realización de la tarea es lo que se obtiene como dato o resultado y es sobre el que se plantea el estudio y se obtienen las conclusiones del experimento.

El objetivo de las técnicas experimentales en el ámbito de la psicología es el tratar de describir, evaluar y explicar las variables que afectan al usuario de estudio y la relación que existe con el comportamiento del sujeto. Para ello se sigue un proceso de observación, manipulación, tratamiento y registro de dichas variables para evidenciar la relación existente con la toma de decisiones del sujeto y obtener conclusiones del estudio.

Antes de exponer los principales métodos experimentales psicológicos, se debe hacer una introducción a algunos conceptos básicos del campo de la psicología para facilitar la comprensión de las técnicas.

Como punto de partida se debe diferenciar entre variable y constructo:

- Variable: se define como las características que pueden ser observadas o medidas de los fenómenos de estudio. Las variables tienen distintas características o pueden tomar distintos niveles, lo que se denomina como valores de la variable.

- Constructo: se define constructo como las entidades no observables y de difícil definición ya que se trata de conceptos abstractos que responden a ciertos aspectos de la conducta humana. Al tratarse de fenómenos no tangibles se necesita de una metodología precisa para categorizarlos y poder así convertirlos en una variable que pueda ser medida.

Una vez se ha diferenciado entre estas dos entidades, existen diferentes tipos de variables en función del tipo de escala usada para su medición o del valor de la variable o constructo:

- Variable cualitativa: representan ciertas características o cualidades de la variable que no se puede cuantificar ni ordenar, sólo pueden expresarse es función de si está presente dicha cualidad o no. Además, dichas variables se pueden subdividir de la siguiente manera:

    o Variables dicotómicas: solo hay dos opciones posibles (hombre/mujer, falso/cierto)

    o Variables politómicas: hay dos o más modalidades a seleccionar (tonalidad)

- Variable cuantitativa: se trata de cualidades que sí son medibles, cuantificables y que se pueden ordenar, es decir, tienen un cierto valor numérico asociado a ellas. Pueden también subdividirse de la siguiente manera:

    o Variables discretas: se miden a través de números enteros, no existe subdivisión o valor intermedio entre dos estados (número de encendidos de un producto)

    o Variables continuas: son aquellas que pueden adoptar todos los valores numéricos posibles, sin necesidad de que sean números enteros (mediciones de contornos)

Dentro de los experimentos psicológicos se tratan de controlar todas las variables que puedan influir de una manera u otra en el estudio, para ello se debe diferenciar entre si se trata de variables que puedan manipularse o regularse (variables independientes) o si son variables que sufren los efectos de los cambios efectuados en otras variables (variables dependientes) u otro tipo de variables presentes. La razón por la que se realiza esta diferenciación es porque se busca obtener una relación entre las variables experimentales y los efectos que causan los cambios en dichas variables, tratando de aislarlas de otras variables extrañas o ajenas que no sean objeto de la investigación pero que están influyendo en la situación o en el sujeto. En base a esto, las variables se pueden dividir de la siguiente forma:

- Variable independiente (VI): son aquellas variables que el diseñador del experimento puede manipular o controlar a su antojo, con la finalidad de investigar cuáles son los efectos que esos cambios produce en otras variables que se estén midiendo en el sujeto. En los estudios de neurodiseño estas variables independientes son los estímulos a los que se somete el usuario, es decir, el producto que es objeto de estudio.

- Variable dependiente (VD): son aquellas variables que se miden o se observan para determinar si sufren variaciones significativas cuando se realizan cambios deliberados en la variable independiente. En los estudios de neurodiseño estas variables dependientes son las reacciones del usuario ante el producto, de qué manera se relaciona con él.

- Variable extraña: todas aquellas variables que no son objeto de estudio pero que pueden tener alguna influencia sobre los resultados del estudio, que pueden afectar al sujeto.

Por último, una vez se han explicado las diferentes clasificaciones de las variables, faltaría por establecer, desde la perspectiva de la psicometría, la escala en la que se van a realizar las medidas de dichas variables. Basando la definición en lo que expuso Stevens [8], se entiendo como escala el conjunto de números que se refieren a un conjunto de objetos, cualidades o propiedades y que mantienen una determinada relación entre sí, equivalentes a las relaciones que mantienen los objetos, cualidades o propiedades entre sí, y que tienen poder representativo completo por sí solos. Se consideran cuatro tipos de escalas existentes según la clasificación realizada por Stevens [8]:

- Escalas nominales: son aquellas que establecen una relación de existencia, pero no de orden, entro los elementos. Son relaciones de igualdad o desigualdad, de manera que solo se puede etiquetar la equivalencia de los objetos con distintos números.

- Escalas ordinales: son aquellas que establecen una relación de orden, de manera que se le pueden asignar números a los objetos mientras se mantenga la relación de orden entre ellos.

- Escalas de intervalos: son aquellas en las que las transformaciones admisibles deben conservar no solo el orden de los objetos sino también el orden existente en los intervalos entre ellos. Cumplen tanto las relaciones de igualdad/desigualdad propia de las escalas nominales y las relaciones de orden propias de las escalas ordinales y, además, añaden que la distancia entre dos puntos contiguos de la escala es constante. Son lo que se entiende como mediciones propiamente dichas.

- Escalas de razón: son aquellas en las que el punto de origen es absoluto y no puede moverse de cero, al tratarse del origen de un sistema numérico y partir de la ausencia total de las características que se miden.

A continuación, se van a exponer algunos de los métodos más utilizados para la medición de sensaciones en psicología. Se dividen en dos categorías principales, la de estimación de la magnitud y la de métodos basados en categorías.

5.4.1. Estimación de magnitud

El objetivo de este método de medición es evaluar la relación existente entre dos o más variables por medio de la comparación entre ellas. Para realizar esta comparación es indispensable estimar la magnitud de dicha medida. Según Murillo [9], el proceso que debe llevarse a cabo inicia con la definición de un estímulo estándar al que se le asigna un valor numérico y se le denomina módulo, este valor representa la intensidad del estímulo. Los siguientes estímulos que se presenten serán evaluados por valores estimados de la relación de intensidad en comparación con el estímulo de referencia o estándar.

Para establecer mejor la relación entre los estímulos de la que se ha hablado, se podría tomar como referencia la ley de la potencia de Stevens [8]. Dicha ley enuncia que la relación existente entre los estímulos y las sensaciones que estos causan varía en función de un exponente, que toma su valor en función de la modalidad del atributo psíquico y de la magnitud del estímulo. La ley la caracteriza la siguiente ecuación:

$$\psi(I) = kI^a$$

I = magnitud o la intensidad del estímulo físico

Ψ = sensación generada por el estímulo (tamaño subjetivo del estímulo)

a = exponente que depende del tipo de estímulo

k = constante de proporcionalidad que depende del tipo de estímulo y de las unidades usadas

Como inconveniente a este tipo de medición se debe apuntar que cuando las diferencias existentes entre los estímulos se encuentran por debajo de la sensibilidad de percepción del ser humano las estimaciones no son precisas debido a las distorsiones por factores de ruido, por lo que la evaluación sería inútil.

5.4.2. Escala de Likert

Este tipo de técnicas se encuadra dentro de los métodos basados en categorías. Se trata de una escala psicométrica que ha sido utilizada ampliamente en los cuestionarios y en las encuestas a los usuarios con fines de investigación.

En las escalas de Likert cuando se responde a una pregunta lo que se está haciendo es especificar el nivel de acuerdo o desacuerdo con la declaración realizada, ya sea a modo de pregunta o afirmación.

Gracias a este tipo de escalas se les puede dar un valor numérico a las sensaciones o emociones que los productos generan sobre los usuarios, lo que facilita la evaluación de los atributos o estímulos de estudio.

Un ejemplo de una escala Likert enfocada a producto y con cinco niveles de respuesta sería la siguiente:

→ Los colores utilizados en el packaging del producto me parecen agradables:

- Totalmente en desacuerdo
- En desacuerdo
- Ni de acuerdo ni en desacuerdo
- De acuerdo
- Totalmente de acuerdo

5.4.3. Diferencial semántico

Esta técnica se desarrolló como un modelo de representación y medición de los estímulos y sus respuestas en los seres humanos. El objetivo principal de este método es medir el significado connotativo de los objetos a través de pares de términos opuestos. Se entiendo como significado connotativo a lo que representa una idea de un objeto o la imagen mental de un objeto en lugar de lo que es ese objeto en sí mismo.

La utilización de términos opuestos lo que hace es crear una pareja de términos con significados opuestos, uno positivo y otro negativo para definir el producto que se está evaluando. Esta técnica es muy utilizada en la elicitación de términos para la Ingeniería Kansei, que se verá un poco más adelante en este trabajo.

Una vez se tiene el término y su antónimo lo que se debe hacer es cuantificar la distancia entre los dos, para ello se usa la escala Likert, mencionada en el apartado anterior, de manera que los términos supongan los dos extremos de la escala y se mida la opinión del sujeto en base a una escala de 5 o 7 grados. Se busca calificar el producto u objeto de diseño, así como la reacción que causa en el sujeto, la cual expresa la percepción que se tiene del objeto a través de la valoración en la escala propuesta.

El procedimiento a seguir con este tipo de análisis es el siguiente: en primer lugar, se presenta al sujeto el objeto de diseño o una representación del mismo, después se le pide que emita un juicio subjetivo del objeto a través de la escala propuesta en la que se pregunta acerca de los términos extremos. Esta respuesta del sujeto es la que sirve para calificar la percepción o la actitud del usuario respecto al producto.

Al igual que en el apartado de las técnicas biométricas, para cerrar este apartado de técnicas psicométricas, se presenta una secuencia o metodología de evaluación psicométrica, en la que se proponen unas pautas a seguir para realizar estudios usando este tipo de técnicas.

En primer lugar, se propone la selección de una de las técnicas estudiadas a lo largo del apartado, se debe seleccionar en función de las necesidades de evaluación que tenga el diseñador para el proyecto o estudio concreto.

Una vez se ha seleccionado la técnica, se procede a hacer la selección y clasificación de las variables que van a formar parte del estudio, diferenciando entre variables dependientes e independientes.

A continuación, con las variables definidas, se procede a realizar los cambios o manipulaciones deseadas sobre la variable independiente con el fin de obtener las reacciones o efectos a estudiar en las variables dependientes. Estos efectos que se han producido sobre las variables dependientes son los que se registran como los resultados de la evaluación y sobre los que se procede a sacar las conclusiones del estudio.

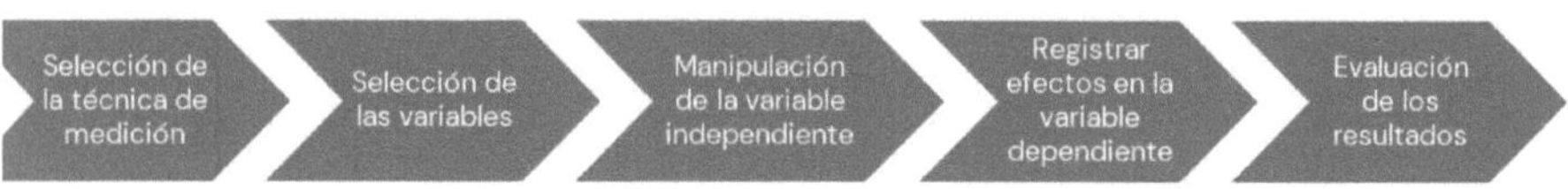

Gráfico 6: Secuencia de evaluación psicométrica

Además de la secuencia de evaluación, se proporciona una tabla comparativa de las técnicas, tal y como se hizo en el apartado anterior, para que sirve de apoyo a la hora de seleccionar las técnicas psicométricas en función del tipo de información que se quiera obtener y de los recursos o personal necesario para llevarlas a cabo.

Método/Técnica		Recursos específicos necesarios	Personal especializado	Cualitativo (QLY) / Cuantitativo (QNT)	Tipo de información
Medición verbal	Estimación de magnitud	Cuestionarios	Examinador / psicólogo	QNT	Intensidad de emoción
Medición verbal	Escala de Likert	Cuestionarios	Examinador / psicólogo	QLY	Intensidad de emoción
Medición verbal	Diferencial semántico	Cuestionarios	Examinador / psicólogo	QLY / QNT	Tipo de emoción

5.5.   Ingeniería Kansei y diseño emocional

Para terminar el capítulo referente al neurodiseño es necesario dedicar un apartado a una de las metodologías más usadas para encontrar la relación existente entre las emociones de los usuarios y su interpretación en el diseño, la Ingeniería Kansei.

Se trata de una metodología de proyectos nacida en Japón de la mano de Mitsuo Nagamachi en la Universidad de Hiroshima en los años 70. Esta técnica, enfocada en el diseño emocional de productos, centra la emoción del sujeto como eje principal para el proceso de diseño y la usabilidad de los productos. Si se hace referencia a las palabras del propio Nagamachi [10] lo que busca la Ingeniería Kansei es un uso más allá de lo meramente eficiente, un producto que sea mucho más placentero y satisfactorio para el usuario.

Para lograr los objetivos de esta metodología se trata de escuchar las necesidades de los usuarios y obtener las necesidades emocionales que se deben satisfacer, para posteriormente, a través de modelos de predicción matemáticos, traducir dichas necesidades en atributos o características del producto a diseñar. Según Schütte [11] lo que se busca es ser capaces de predecir los sentimientos que experimentan los usuarios a partir de las propiedades integradas en el producto.

Figura 12: Metodología Kansei

La innovación que trajo esta técnica consigo al ámbito del diseño fue revolucionaria, dado que se introdujo la emoción que se quería producir en los usuarios como un requisito más a la hora de diseñar el producto. Con este enfoque inclusivo de las necesidades emocionales se ha conseguido que los usuarios se sientan más identificados con ciertas marcas y que prioricen aquellas empresas con este tipo de diseños sobre sus competidoras. Según Nagamachi [12]: cuando una empresa intenta tener beneficios le debe importar los sentimientos de sus clientes, porque estos antes de comprar tienen expectativas de lo que quieren.

El término kansei se interpreta en la actualidad haciendo referencia o asimilándose a términos como son la sensitividad, sensibilidad, sentimiento o emoción [12]. Por lo tanto, el proceso de la ingeniería kansei comenzaría por la fase de elicitación de los kanseis o de los sentimientos que se quieren generar en los usuarios que usen el producto y a través de los modelos matemáticos convertir dichas emociones en atributos que debe tener el objeto.

Con esta priorización de los sentimientos de los usuarios como requerimiento de diseño toma una nueva relevancia el término de diseño emocional. Parece que las emociones dictan gran parte de la vida cotidiana de las personas, ya que se suelen tomar decisiones basados en el estado emocional, ya sea felicidad, tristeza, irritación, molestia o frustración.

Se definen las emociones como un conjunto o un estado complejo de sentimientos que se manifiestan a través de cambios físicos y psicológicos. Dichos cambios pueden influir en el pensamiento y en el comportamiento de los usuarios, así como en la manera en la que estos interaccionan con los productos.

De la interacción entre el individuo y los objetos se desprende un aprendizaje de uso o una experiencia de uso. De manera que la relación existente entre producto y usuario puede verse como una fuente de estimulación o como una manera de provocar emociones en el día a día de las personas, de manera que se generen esos sentimientos deseados a través de una experiencia de uso.

Teniendo esta perspectiva en mente, Norman [13] introdujo el término "diseño emocional" con el objetivo de estudiar los problemas referentes al diseño y la emoción. Creó tres tipos distintos de diseños emocionales en función de los niveles de procesamiento de la información: diseño visceral, diseño conductual y diseño reflexivo. Todos ellos están relacionados y dependen el uno del otro, no son independientes.

Se entiende que el diseño emocional debe tomar una posición central en los procesos de desarrollo y diseño de productos para mejorar la experiencia de los usuarios. Este proceso es de vital importancia a la hora de tratar la relación existente entre los productos y las personas, de manera que es clave para poder evaluar los objetos desde el punto de vista de los usuarios.

Volviendo al estudio de Norman [13], el diseño emocional no solo estudia la conexión existente entre usuario y objeto, sino que también genera o evoca emociones positivas en los usuarios, generando así la creación de "lazos emocionales" entre las personas y los productos, lo que es un factor esencial a la hora de diseñar neuroproductos.

5.6. Artículos de interés sobre técnicas de neurodiseño

A lo largo de este punto del trabajo se van a presentar algunos de los artículos que se han considerado de mayor interés en el campo del neurodiseño y las técnicas o metodologías que se usan para llevarlo a cabo.

5.6.1. Beyond emotional design: Evaluation methods and the emotional continuum

El principal interés de este artículo es que, además de hacer una introducción al diseño emocional, la ingeniería kansei y el neurodiseño, expone una comparativa de los diferentes métodos de evaluación de las respuestas emocionales existentes.

Method		Specific Resources needed	Specialized personnel	qualitative (QLY) / quantitative (QNT)	Type of information
Verbal Measure	Likert scales	Questionnaires	Examiner / Psychologist	QLY	Intensity of emotion feeling
	Semantic Differential	Questionnaires	Examiner / Psychologist	QLY / QNT	Type of emotion feeling
Visual Measure	SAM	SAM scale	Examiner	QLY / QNT	Valence, arousal and dominance of emotion feeling
	Emocards	Emocards scale	Examiner	QLY / QNT	Arousal and pleasantness of emotion feeling
	PrEmo	PrEmo digital Platform	Examiner	QLY / QNT	
Moment to moment	Warmth Monitor	Paper and pencil	Examiner	QLY	Intensity of emotion feeling
	Feelings Monitor	A computer	Examiner	QLY	
Facial Expressions	FACS	Video recording	Examiner / Anthropologist	QLY	Type of emotion
Biometrics	Skin Conductance	Biofeedback equipment	Examiner / Medical personnel	QNT	Type and intensity of specific emotional states.
	Heart Rate	Biofeedback equipment	Examiner / Medical personnel	QNT	
	EMG	Biofeedback equipment	Examiner / Medical personnel	QNT	(variables crosses are needed)
	Eye tracking	Eye tracker	Examiner	QNT	
Neurosciences	EEG	Biofeedback equipment	Examiner / Neuroscientist / Medical personnel	QNT	The relation between stimulus and emotional responses
	MRI	MRI scan		QNT	
	PET	PET scan		QNT	
	ERP	Biofeedback equipment		QNT	
	MEG	Magnetagraph		QNT	
Kansei		A computer	Kansei Engineer	QLY / QNT	The relation between form and emotional responses

Figura 13: Métodos de evaluación emocional (J. Covarrubias, G. A. Mendoza, 2016)

En la tabla anterior se muestran los diferentes métodos, si necesitan de material o personal cualificado para realizar la medición, si se trata de una medición cualitativa o cuantitativa y por último el tipo de información que ofrece la respuesta obtenida.

Posteriormente en el artículo generan una gráfica comparativa de las técnicas en función de la complejidad de cada una de ellas, de si el comportamiento del usuario es de tipo visceral o reflexivo y de si son emociones de alto nivel o de nivel bajo. Con este espectro de metodologías se hace la disertación sobre cómo elegir el método adecuado en función de lo que se quiera medir o la respuesta que se quiera evaluar.

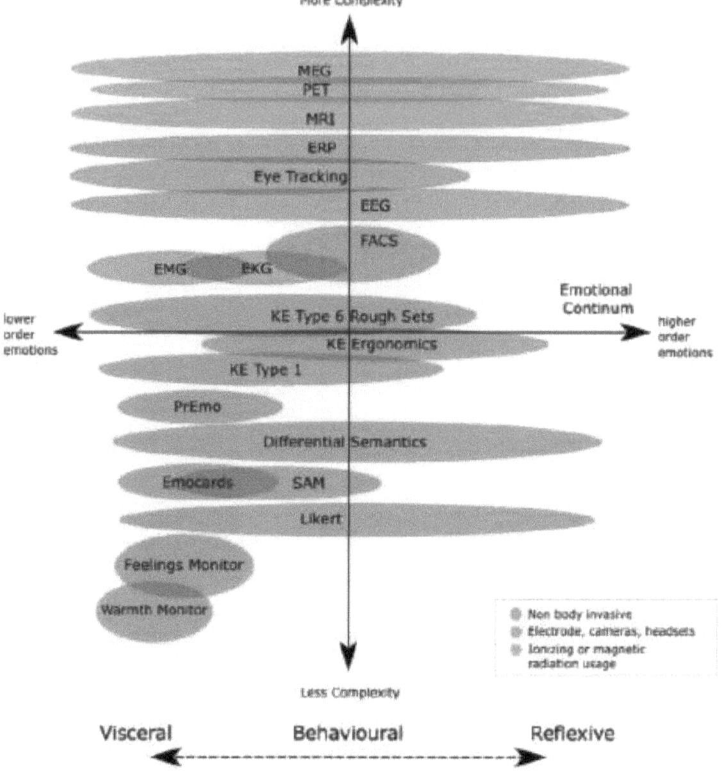

Figura 14: Espectro de los métodos de evaluación emocional (J. Covarrubias, G. A. Mendoza, 2016)

5.6.2. Emotional design through measurement of psychophysiological and behavioral parameters: Taking steps towards neurodesign

En este artículo, al igual que en el anterior, se realiza una introducción a la neurociencia y el neurodiseño, así como a algunas de las técnicas existentes para cuantificar las emociones. Sin embargo, la importancia del artículo reside en que se propone un ejemplo práctico de aplicación de dichas técnicas para el diseño de un atril.

En primer lugar, se planteó el proceso de diseño a través de una estrategia convencional de diseño y desarrollo del producto, cubriendo así desde la fase de la definición estratégica del producto y su diseño conceptual hasta las fases de producción e ingeniería. Es en la fase de desarrollo en la que se incluyen las metodologías innovadoras de neurodiseño.

Posteriormente, se pasa a una fase que denominan como "sesión censo-perceptiva" en la que se busca encontrar cuáles son los materiales o las texturas que son más placenteras al tacto de los usuarios. Para ello se usa un software de reconocimiento de emociones faciales para identificar las emociones que siente el sujeto durante la interacción con los materiales. Esta sesión se dividió en dos fases, una desde la perspectiva objetiva-comportamiento y otra subjetiva-cognitiva.

Esta etapa del experimento se realizó con los ojos tapados y únicamente analizando las emociones que experimentaban los sujetos a través de la interacción táctil con los materiales, y posteriormente se les realizaban algunas preguntas acerca de las sensaciones que habían tenido durante la fase de experimentación.

Posteriormente, se realizaba una fase en la que se mostraba un catálogo de objetos a través de un vídeo en el que se recogía el producto de estudio y otros atriles diferentes, de manera que se realizaba una monitorización de las emociones del usuario a través del software ya mencionado y posteriormente se le realizaba un breve cuestionario sobre los objetos mostrados en el catálogo.

Una vez se tiene realizado el prototipo, se pasa a una sesión en la que primero se lee una partitura en el atril diseñado y otra en un atril convencional. Para ello se registraron las respuestas visuales con un equipo de eyetracking, así como la respuesta eléctrica de la piel a través de su respuesta galvánica mientras usaban los atriles en condiciones de un entorno ventoso simulado con un ventilador. Se tenía como objetivo la medición del nivel de concentración y el nivel de atención.

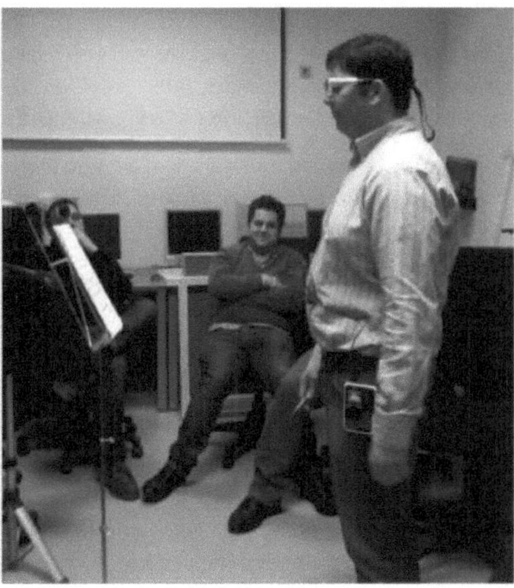

Figura 15: Eye-tracking del experimento con atriles (T. Magal-Royo, B. Jordá-Albiñana, 2014)

5.6.3. Detectando emociones de señales EEG

En este artículo se encuentra la información necesaria sobre la clasificación de los estímulos, y más concretamente, la diferencia entre un estímulo positivo y otro negativo, a través de las técnicas de electroencefalografía. Resulta interesante de cara a presentar el producto elegido y ver si el Kansei elegido es favorable o desfavorable.

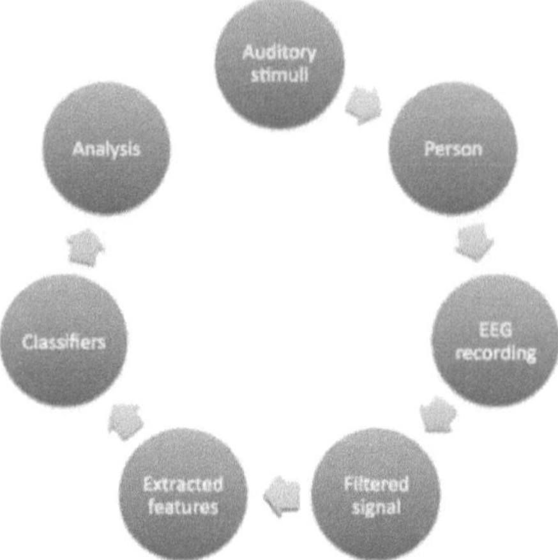

Figura 16: Fases para la captación y diferenciación de estímulos (Ramirez y Vamvakousis, 2015)

Se diferencian 3 fases, la primera, referente al experimento, la segunda al tratamiento de la señal, y la última de análisis de resultados.

Durante la fase del experimento se seleccionan los estímulos, en el caso del artículo son sonoros, de una base de datos llamada IADS. Se eligen 12 sonidos, con una duración de 5 segundos cada uno y un espacio de 10 segundos entre cada sonido.

Una vez seleccionados los estímulos y su duración, se pasa a elegir los sujetos que participaran en el experimento, en el caso del artículo se seleccionan 6 sujetos, 3 hombres y 3 mujeres.

Posteriormente, se continúa con la realización del experimento, fase de la que no hay datos concretos sobre cómo se realiza la grabación de los datos ni en qué condiciones realizan el experimento.

Acabada la primera fase, se procede al tratamiento de la señal, que sigue los pasos de filtrado de señal, la extracción de los factores determinantes y la clasificación de las señales. Este tratamiento lo realizan los autores mediante Linear Discriminant Analysis (LDA) y Support Vector Machines (SVM).

Por último, se realiza la fase de análisis, aunque los autores realizaron varios tipos de análisis de la señal, el que interesa en este proyecto es la selección de los electrodos AF3, F3, AF4 y F4 para medias las ondas Alpha, que según estudios se sabe que indica una alta inactivación del cerebro.

De este artículo se desprende también el radio Beta/Alpha que indica el estado Arousal (excitación) del usuario. Además, se menciona que la diferencia entre ambos hemisferios en el eje Valence, puede ser un método de clasificación de emociones, tal y como se ve en la figura 17.

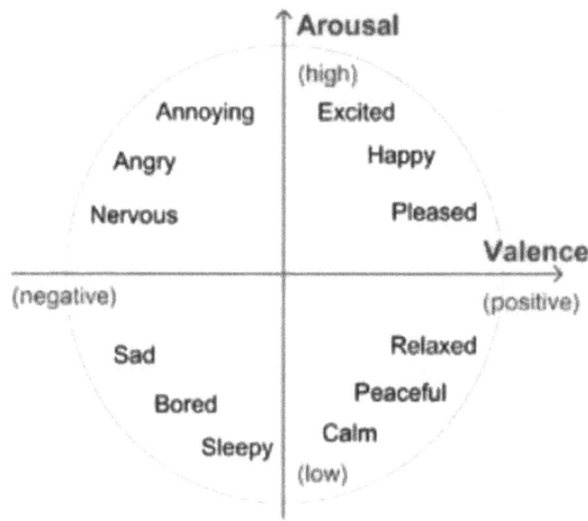

Figura 17: Clasificación de las emociones (Ramirez y Vamvakousis, 2015)

5.6.4.   Kansei/affective engineering. Confort y EEG

La importancia de este artículo reside en el método de análisis que establece entre las técnicas de medición mediante electroencefalografía y la Ingeniería Kansei. El autor postula que la frecuencia y la cantidad de las fluctuaciones de las ondas Alpha en el lóbulo frontal del cerebro sacan a relucir una relación entre la relajación de los usuarios y el estímulo al que están sometidos. Por diversos estudios se tiene el conocimiento de que las ondas Alpha aumentan durante el estado de reposo tranquilo, de ahí que pueda establecerse la relación anteriormente mencionada.

Mediante la realización de diversos experimentos se puedo descubrir que existe una fuerte asociación entre el dominio de las frecuencias bajas y la sensación de relajación. Además, se vio que un gradiente más pronunciado en la zona de las altas frecuencias tiene una relación fuerte con la sensación de confort o comodidad subjetiva.

6.NEUROUSABILIDAD

Durante el desarrollo de este capítulo del trabajo se abordarán temas como la usabilidad de los productos y las experiencias de uso desde un enfoque neurocientífico. Este enfoque de la neurousabilidad es uno de los menos desarrollados en estudios previamente, por lo que para guiar este campo de la neuroingeniería se ha necesitado estudiar la relación de los usuarios con los productos, es decir, el uso, desde su base mental primaria, encontrando así las teorías de la cognición y la percepción que permitan explicar la forma en la que los humanos procesan la información relativa a su interacción con los objetos.

Esto ha guiado el estudio en primer lugar a comprender las teorías de la mente y los procesos mentales que van sucediéndose a nivel neuronal mientras se realiza una acción o una tarea, lo que ha relacionado la neurousabilidad con conceptos como el conocimiento enactivo, refiriéndose a este conocimiento como aquel que se construye sobre las habilidades adquiridas por el usuario al poner en práctica una tarea u actividad, o la autopoiesis, entendiéndose esta como la base biológica que apoyó la aparición de la teoría del conocimiento enactivo, que entendía a los seres humanos como máquinas autopoiéticas.

Ligado a estos conceptos, surge la necesidad de comprender de qué manera se relaciona lo que las personas perciben en su entorno, en los objetos y productos que la rodean, con los procesos mentales que esto genera, de manera que los ingenieros de diseño, al comprender mejor la relación existente entre percepción y cognición puedan usarla a su favor a la hora de dotar a sus diseños de las claves necesarias para que su uso sea fácilmente entendido por los usuarios y los acerque a ellos.

Este conocimiento de las relaciones entre percepción y cognición es lo que acaba guiando el estudio a los conceptos de la teoría de las affordances, entendiéndose estas como las posibilidades que materialmente ofrece un objeto para reconocer como usarlo, y su posterior evolución a la propuesta de las neuroaffordances.

Por último, se relacionan estos conceptos con los métodos de diseño actuales que tienen el uso o las experiencias de uso como eje central del diseño, de modo que el conocimiento adquirido durante todo el estudio de la mente humana pueda ser aplicado por el ingeniero de diseño para crear neuroproductos.

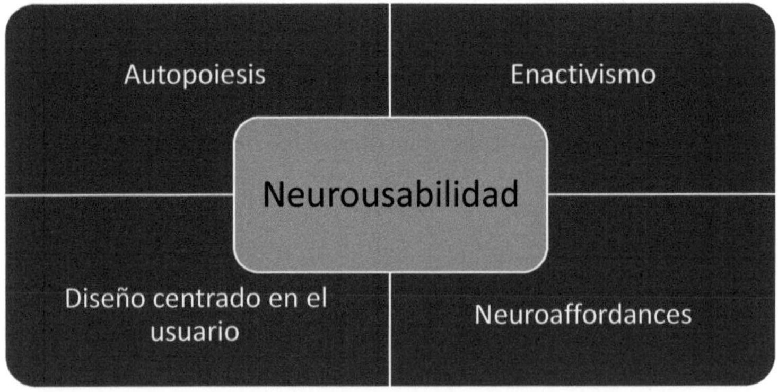

Figura 18: Enfoque Neurousabilidad (elaboración propia)

Se pretende razonar a través de una revisión de Status Quo las motivaciones de los humanos a la hora de utilizar los productos y cuáles son los procesos mentales que siguen para usar los objetos de la manera en que lo hacen, algo de vital importancia de comprender para los diseñadores de cara a ser capaces de facilitar el uso de sus productos, de modo que sean intuitivos y amigables para los usuarios objetivos.

Posteriormente se ilustrarán estos conocimientos mediante una revisión de tipo exhaustivo de los artículos que se consideren más relevantes de las publicaciones científicas consultadas para este campo de conocimientos.

6.1.   Estado del arte para la neurousabilidad

Lo primero que se ha realizado para abordar el enfoque de la neurousabilidad es una aproximación a los términos que se consideran claves mediante búsquedas en las bases científicas seleccionadas, en este caso se utilizaron PubMed, Scopus y WOS y el buscador de Google Académico.

Se realizó una búsqueda inicial sobre el término "Neurousabilidad" y "Neurousability", arrojando tanto en WOS como en Scopus cero resultados, mientras que en PubMed se obtuvieron 232 resultados porque separa la búsqueda en neuro y usability, sin embargo, del término como tal se obtuvieron también cero resultados. Únicamente en Google Académico se obtuvieron un total de 26 textos a revisar bajo la búsqueda de neurousability.

Posteriormente lo que se realizaron fueron búsquedas de los conceptos principales de "Autopoyesis", "Enacción" y "Affordances" debido a su relación directa con el procesamiento humano de la información, la capacidad de entender el aprendizaje a través del uso de los productos y los procesos cognitivos por los que pasa el ser humano en su interacción con los productos. De lo que se obtuvieron los siguientes resultados en todas las bases de búsqueda mencionadas:

	PubMed	WOS	Scopus	Google Académico
Autopoieses	87	1065	1036	442
Enactive	304	108	1204	33900
Affordances	1063	8047	11724	232000

A la vista de los resultados obtenidos, se debería además aplicar algún tipo de filtro a los resultados obtenidos de manera que puedan ser un número de artículos más manejable a la hora de realizar la revisión necesaria para el desarrollo del apartado. Para ello se buscaron, sobre todo en los referentes a las affordances, una conjunción con el término neurociencia de modo que se obtuviesen publicaciones del ámbito que realmente interesan en este trabajo.

Además de la importancia del número de artículos en cada una de las bases de datos científicas, se le da cierta relevancia a los autores dominantes en cada caso, así como la evolución temporal de los artículos sobre cada concepto y el campo de conocimiento concreto en el que se centran dichos artículos.

Para ello se han generado una serie de gráficas, que se muestran a continuación, con los datos obtenidos en la base de datos Scopus. Las tres primeras son las relacionadas con los textos obtenidos para la búsqueda de autopoiesis.

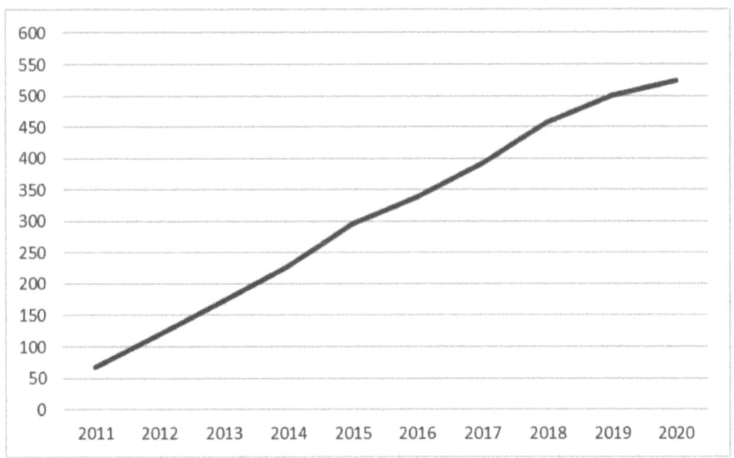

Gráfico 7: Total publicaciones autopoiesis en el tiempo (elaboración propia con datos Scopus 2020)

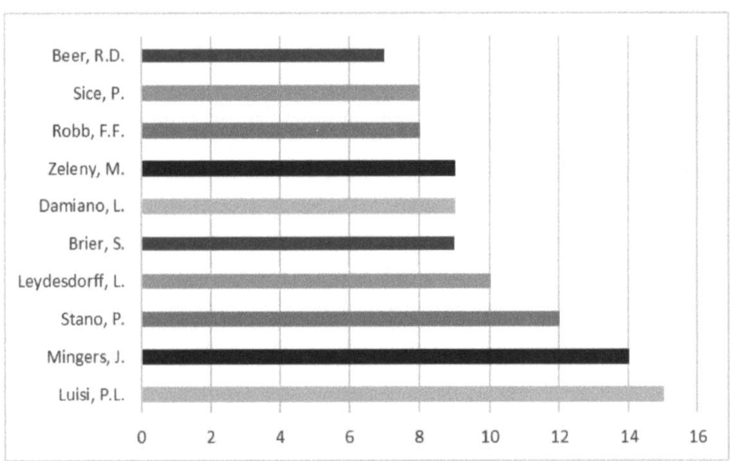

Gráfico 8: Autores predominantes autopoiesis (elaboración propia con datos Scopus 2020)

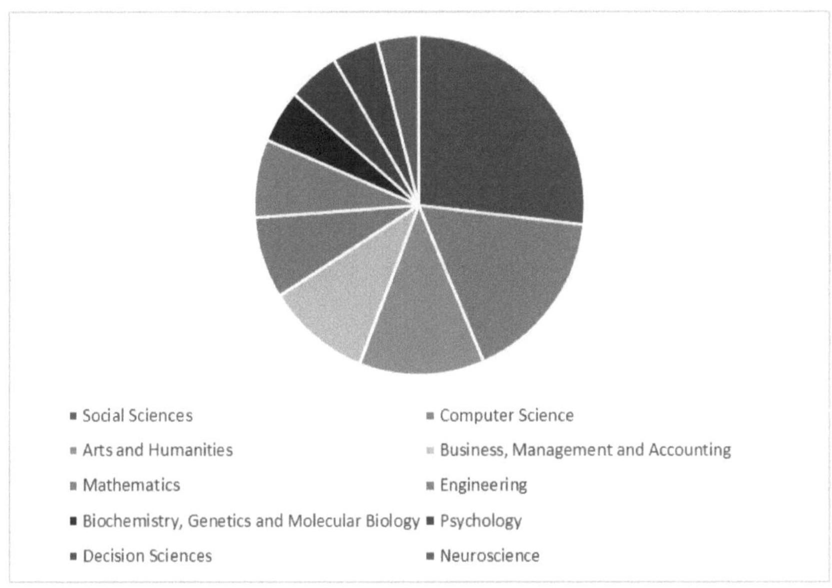

Gráfico 9: Distribución por sectores autopoiesis (elaboración propia con datos Scopus 2020)

Las mismas tres gráficas se han generado para la búsqueda de textos relacionados con el concepto enactive.

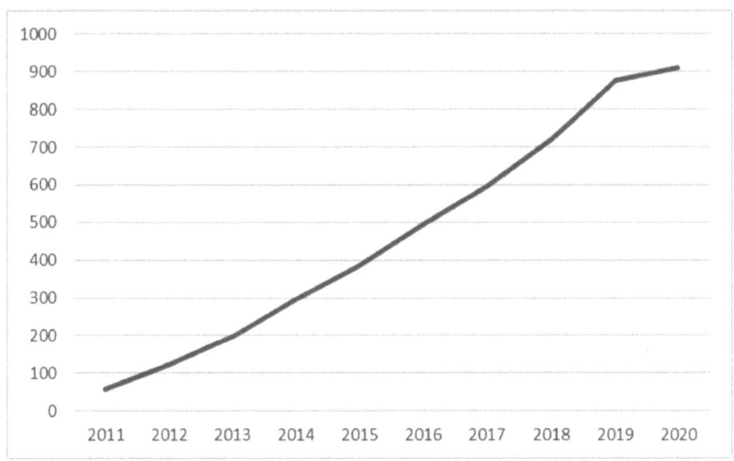

Gráfico 10: Total publicaciones enactive en el tiempo (elaboración propia con datos Scopus 2020)

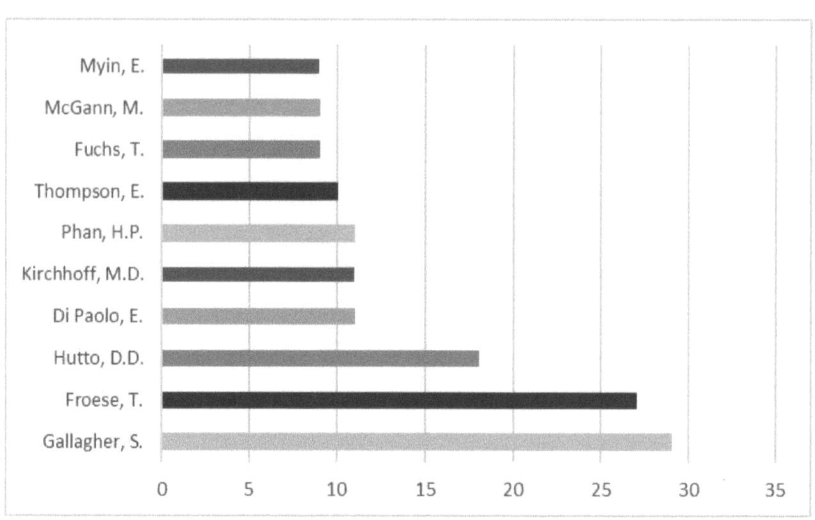

Gráfico 11: Autores predominantes enactive (elaboración propia con datos Scopus 2020)

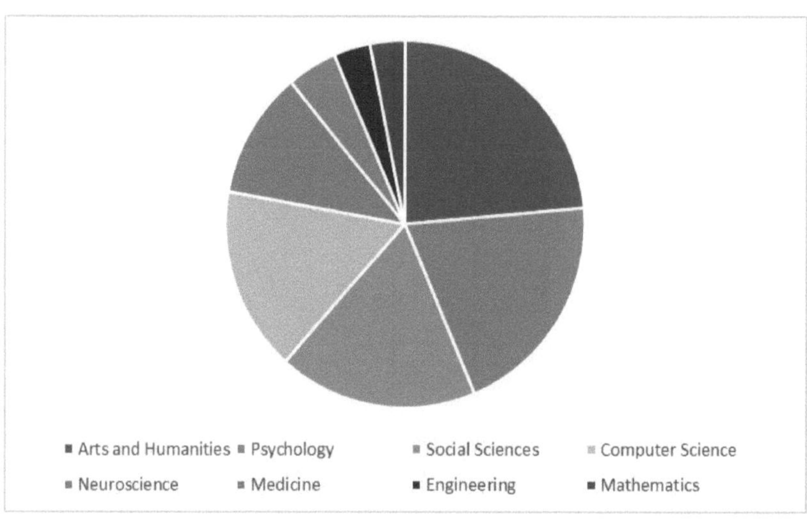

Gráfico 12: Distribución por sectores enactive (elaboración propia con datos Scopus 2020)

Por último, se generan las tres mismas gráficas para el concepto conjunto de búsqueda "affordances and neuroscience" que tiene un total de 102 artículos relacionados.

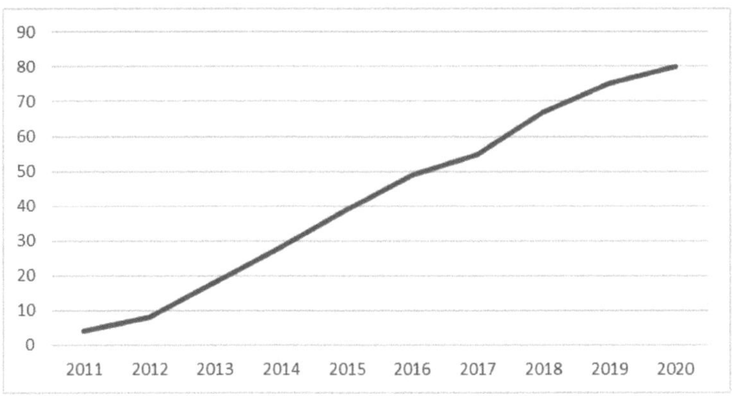

Gráfico 13: Total publicaciones affordances en el tiempo (elaboración propia con datos Scopus 2020)

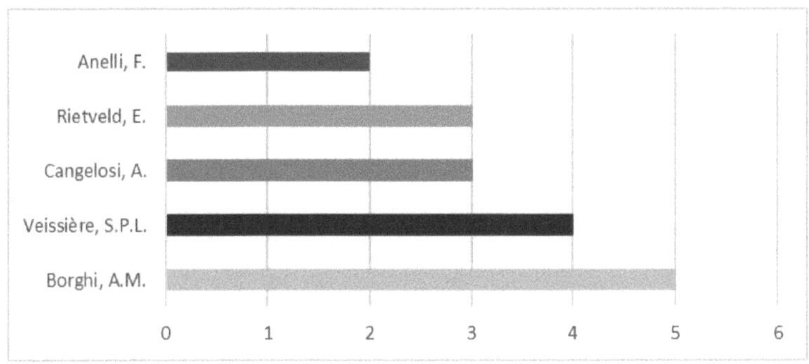

Gráfico 14: Autores predominantes affordances (elaboración propia con datos Scopus 2020)

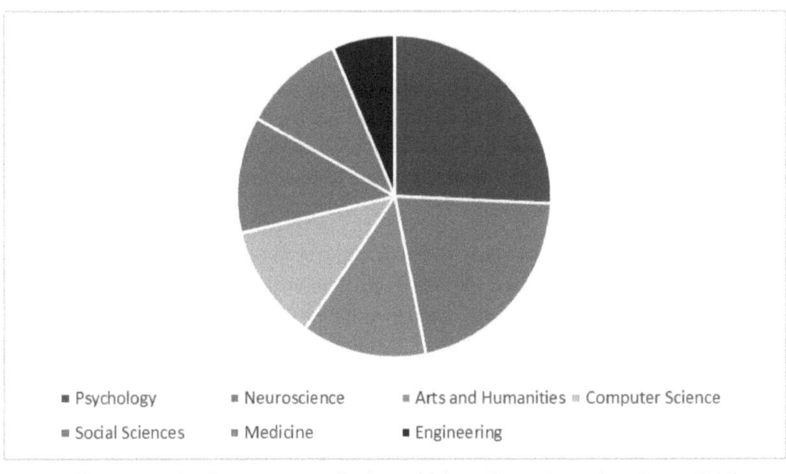

Gráfico 15: Distribución por sectores affordances (elaboración propia con datos Scopus 2020)

6.2.   Contexto histórico de las ciencias de la mente

El objetivo principal de este apartado es el de llegar a una comprensión profunda de la mente humana, para ellos se realizará un breve recorrido histórico por las diferentes teorías por las que han ido pasando las ciencias de la mente o de la cognición.

Este conocimiento tiene una gran importancia a la hora de diseñar productos bajo el prisma de la neuroingeniería ya que los diseñadores deben tener un conocimiento sobre las funciones cognitivas de los usuarios tales como el procesamiento de la información, la capacidad de aprendizaje, el uso de la memoria, etc. Al comprender los mecanismos mentales implicados en los principios de la cognición, el ingeniero de diseño está mejor preparado para dotar a los productos de ciertos atributos que conecten con la mente de los usuarios y que hagan de ellos productos más intuitivos, fáciles de usar o enfocados a activar ciertos mecanismos de la mente de los usuarios.

Sin embargo, hasta llegar al papel de los diseñadores, es necesario hacer una introducción a las ciencias de la mente y a las diferentes teorías que han ido surgiendo a lo largo de los años para explicar la cognición.

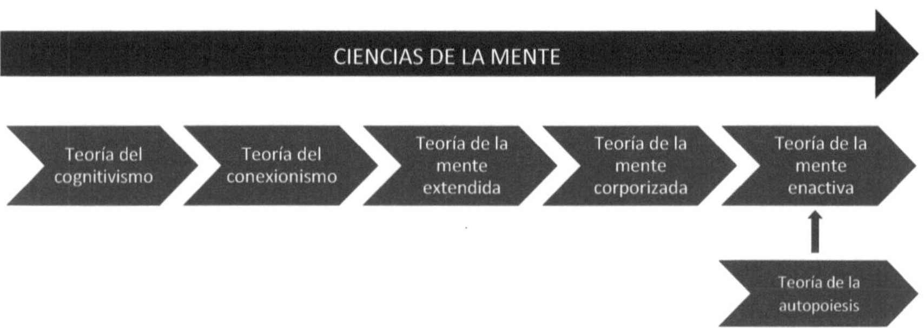

Figura 19: Evolución de las ciencias de la mente (elaboración propia)

6.2.1. Teoría computacional o cognitivismo

Se sitúa el punto de partida de este desarrollo histórico en el primer enfoque de las ciencias cognitivas, más conocido como teoría de la computación o cognitivismo. Esta teoría surgió con la aparición de los ordenadores, facilitando una manera de entender la cognición a través de una analogía entre la relación cuerpo-mente y la relación existente entre el hardware-software.

Este enfoque se basa en que entiende la cognición como la computación de representaciones simbólicas de carácter lingüístico. En otras palabras, las representaciones adquieren una realidad o dimensión física a través de los códigos simbólicos existentes en el cerebro o en el ordenador.

Desde esta teoría, adoptada como válida por psicólogos y filósofos de la mente tales como Pylyshyn, Newell y Simon y Fodor, se postula que las representaciones son de vital importancia para configurar y definir las mentes de las personas como máquinas transformadoras de símbolos.

La idea fundamental de esta posición es que la inteligencia, el razonamiento, el lenguaje, la creatividad y gran parte de nuestros procesos mentales se rigen por reglas de carácter simbólico, y estas reglas son lógicas, virtuales, abstractas. En otras palabras, la cognición es una representación mental: se piensa que la mente opera manipulando símbolos que representan rasgos del mundo, o representan el mundo como si fuera de tal manera [19].

Varela [20], uno de los promotores de este enfoque del cognitivismo, recalca que la base de la computación es fundamentalmente semántica o representacional, es decir, no tendría sentido la computación sin que estén presentes las relaciones semánticas entre las expresiones simbólicas. De ahí surgió el eslogan "no hay computación sin representación" [21].

Se pueden resumir las proposiciones de esta teoría en tres supuestos fundamentales para entenderla mejor [22]:

- La cognición es procesamiento de información, manipulación de símbolos basada en reglas.

- La cognición funciona a través de cualquier dispositivo que pueda soportar y manipular elementos físicos discretos o símbolos.

- Un sistema cognitivo funciona adecuadamente cuando los símbolos representan apropiadamente un aspecto del mundo real, y el procesamiento de la información conduce a una feliz solución del problema planteado al sistema.

Además de estas afirmaciones en las que se sustenta la teoría de la computación, existen ciertas hipótesis que deben de aceptarse como ciertas [19].

- Habitamos un mundo con propiedades particulares, tales como longitud, color, movimiento, sonido, etc.

- Captamos o recobramos estas propiedades representándolas internamente.

- Existe un "nosotros" subjetivo separado que es quien hace estas cosas.

Debido a estas hipótesis que soportan la visión objetivista de la mente surgieron las primeras dudas sobre este enfoque, lo que dio paso a nuevos enfoques no objetivistas, que defendían que la cognición no podía ser únicamente la representación de un mundo pre-dado en una mente pre-dada sino que debería abarcar las acciones que los seres realizan en el mundo.

Algunas de estas visiones que no querían estar bajo el paraguas de la teoría de la computación instaban a que la cognición había que incorporarla en las teorías, que los enfoques clásicos habían acabado por desincorporar la mente, por lo tanto, había que volver a situarla en el mundo, sacarla del espacio neutro y sin cambios en la que la habían situados las creencias clásicas y colocarla en un entorno real, complejo y cambiante. Se defendía que la mente tendría que ser distribuida entre los componentes de un sistema complejo que va más allá de las limitaciones de los individuos.

Evolucionó el concepto de la mente, dejando atrás el concepto de un espacio independiente, privilegiado, asilado del cuerpo, del entorno y de las situaciones que lo rodean, en el que están situados las representaciones y planes. Pasando a entender la mente como algo más allá de la mera resolución de problemas a través de la reflexión y el razonamiento.

Estas creencias de que la cognición no estaba explicada de manera satisfactoria a través de las teorías clásicas dieron lugar a una serie de nuevos enfoques o teorías que intentaban explicar la manera de forma que se desconectase del enfoque objetivista. A continuación, vamos a hacer una introducción breve a alguno de los enfoques más relevantes de las últimas dos décadas para explicar mejor la ciencia de la cognición.

6.2.2. Teoría del conexionismo

Algunas de las carencias que se identificaron en el enfoque de la teoría computacional clásica son, en primer lugar, que el procesamiento simbólico se basa en procesos o reglas que son secuenciales, es decir, que van sucediéndose una detrás de otra, pudiendo dar lugar a la aparición de cuellos de botella y no siendo realista con la manera de procesar la información de la mente, por lo que sería necesario la aparición de algoritmos de procesamiento paralelo de información. En segundo lugar, el procesamiento de información simbólico se encuentra limitado por ser un proceso localizado, esto quiere decir que cualquier pérdida de parte de los símbolos produciría un grave daño, para evitar estas posibles pérdidas se necesitaría un procesamiento distribuido en lugar de localizado.

Para cubrir estas carencias existentes surgió la explicación conexionista, que se basa en la construcción de un sistema cognitivo formado por componentes simples que se conecten entre sí de forma dinámica, constituyendo redes. Este enfoque deja fuera a los símbolos, puesto que los elementos significativos de esta teoría son los patrones complejos de actividad que aparecen entre las unidades que componen las redes.

Se puede resumir este enfoque en tres proposiciones, según expone Varela [20] en sus textos:

- La cognición es la emergencia de estados globales en una red de componentes simples.

- La cognición funciona a través de reglas locales que gobiernan las operaciones individuales y de reglas de cambio que gobiernan la conexión entre los elementos.

- Un sistema cognitivo funciona adecuadamente cuando vemos que las propiedades emergentes se corresponden con una aptitud cognitiva específica.

6.2.3. Teoría de la mente extendida

Este enfoque para entender las ciencias de la cognición nace en contraposición de la creencia clásica de que los procesos computacionales o cognitivos se dan en la mente, como un espacio independiente. Se introduce la idea de que *"la mente no está en la cabeza"*, es decir, que la cognición no se da únicamente en la mente, sino que el mundo exterior o las interacciones con el entorno toman parte en el proceso cognitivo.

Según Chalmers y Clark [23] se entiende la mente extendida como una extensión de la mente en un sistema integrado que incorpora de modo esencial y no accidental sistemas de información y que es susceptible de convertirse en una prótesis para funciones específicas y características mentales.

La mente extendida se cimienta sobre el principio de la paridad, este principio básico defiende que si al realizar cierta tarea o actividad, una parte del entorno se comportase como un proceso que podría estar almacenado en la cabeza, se tendría que aceptar como un proceso cognitivo, por lo tanto, en ese momento concreto el mundo exterior estaría formando parte de la cognición.

Este principio de la paridad se divide en dos pasos diferenciados:

- Descarga computacional de datos y tareas en el medio: En esta fase se completa la mente humana con colaboraciones del entorno, del que se descargan todos los datos y procesos computacionales que se puedan.

    Esta descarga de datos o tareas computacionales del medio es algo que los humanos hacen continuamente y que pasa inadvertida. Es una de las maneras en las que las personas se relacionan con su entorno, depositando en él la confianza de que le resuelva los problemas que van más allá de las limitaciones que tiene su mente.

    El medio externo que rodea a las personas está lleno de ayudas o de apoyos mentales para facilitar los procesos cognitivos, lugares en los que se almacenan gran cantidad de datos para que no tengan que guardarse en la mente, sino que simplemente puedan ser consultados y descargados los datos de ahí. Como por ejemplo ordenadores, agendas, bibliotecas, cuadernos de notas, círculos de amistades, etc.

- Internalización de procesos de descarga: En esta fase, algunos de los procesos de descarga mencionados anteriormente, se interiorizan y pasan a ser módulos interactivos, es decir, que la mente respondería a ellos de manera automática. Por lo tanto, lo que antes se consideraban apoyos o herramientas cognitivas pasan a ser prótesis mentales, y se convierten en sistemas de ayudas que son esenciales para el proceso de la cognición.

    Con esta internalización progresiva de los recursos del entorno, puede empezar a cuestionarse si realmente las barreras que se le han puesto a la mente diciendo que está dentro de la cabeza, siendo la piel y el cráneo las fronteras son realmente las adecuadas para separar entre los espacios mentales y no mentales.

Con el externismo desaparece la idea de un espacio interno en el que se codifica la información para que después de realice la manipulación representacional, es decir, un espacio diferenciado en el que se da lugar el proceso de la cognición.

6.2.4. Teoría de la mente corporizada

Aunque con la teoría de la mente extendida se había ido un paso más allá del cognitivismo clásico, ambas teorías tienen algo en común y es que el cerebro, en el proceso de cognición, lo que procesa son únicamente símbolos.

Se aprecia por tanto una carencia en este planteamiento, y es que la manipulación de representaciones explícitas de reglas no parece ser suficiente para reflejar realmente el aspecto dinámico de los procesos mentales que se llevan a cabo durante la cognición.

La mente humana no solamente está sometida a estas representaciones simbólicas, sino que muchas veces procesa actividades cotidianas, en las que se realizan actividades que requieren un alto grado de control sensorial y motriz, así como una gran sensibilidad a las condiciones del medio para cada una de estas situaciones, se ha de responder a las novedades imprevistas del ambiente.

Por lo tanto, en esta teoría se cree que es mejor pensar que la mente o el agente están situados o inmersos dentro del mundo que lo rodea, no se les puede aislar de él. Todas las acciones que se realizan en el mundo necesitan de algo más que los meros procesos internos mentales, se hace patente que se necesita también un anclaje o algo que lo conecte con el mundo y este primer punto de anclaje, creen los defensores de este enfoque, que se da en el cuerpo y a través del cuerpo, de ahí toma el nombre de mente corporizada.

Se defiende que se debe dejar de lado la imagen pasiva de las anteriores teorías del contacto entre el sujeto y el mundo, debiéndose dejar de entender la percepción como un proceso en el que únicamente se recopilan datos pasivamente del entorno. Se pretende pasar de estructuras más basadas en lo simbólico o lo visual a estructuras que tengan un carácter motorcéntrico, es decir, que incluyan las acciones rutinarias específicas.

6.2.5. Teoría de la mente encactiva o enfoque enactivo

Esta teoría parte asumiendo las proposiciones y resultados de las teorías de la mente extendida y de la mente corporizada, pero pretende ir un paso más allá. La idea central de esta teoría, tal como afirma Varela [20], es que la cognición no es una representación.

Se propone, por tanto, un nuevo enfoque de la cognición centrada en el concepto "enactivo" que proviene del término en inglés "to enact" y que se puede traducir por poner en ejecución, representar o actuar.

Según Bedia y Castillo [19] se busca enfatizar la creciente convicción de que la cognición no es la representación de un mundo pre-dado por una mente pre-dada sino más bien la puesta en obra de un mundo y una mente a partir de una historia de la variedad de acciones que un ser realiza en el mundo.

Se pasa de la idea de que la cognición es la representación del mundo a decir que el conocimiento es acción en el mundo. Para Varela [20], el entorno, el contexto o la situación en la que se realizan las acciones no puede eliminarse progresivamente del proceso cognitivo una vez se hayan convertido en reglas ya elaboradas, sino que constituyen la esencia de la propia cognición. Se propone dejar la concepción de que la cognición es una representación o una proyección y pasar a entenderla como una acción corporizada.

Este concepto de acción corporizada se puede explicar a través de los siguientes postulados:

- La cognición depende de las experiencias originadas en la postura de un cuerpo con diversas aptitudes sensorio-motrices.

- Estas aptitudes sensorio-motrices están encastradas en un contexto biológico, psicológico y cultural más amplio.

Para finalizar este punto del trabajo, quedaría por realizar una breve recopilación de las características que tiene la cognición enactiva, corporizada y extendida, que son las que se van a aceptar como más completas a la hora de entender los procesos cognitivos y que además van a guiar este apartado de la neurousabilidad, ya que lo que se busca es conseguir explicar la manera en la que los usuarios se relacionan con los productos y procesan la información con la que estos se comunican, de forma que si se aceptase la manera clásica de entender la cognición se estaría eliminando todo el componente de acción o ejecución de la ecuación de diseño.

Las características de este enfoque enactivo de la cognición son las siguientes [19]:

- La mente está anclada realmente a través del cuerpo.

- Las representaciones internas no se definen en información abstracta o proposicional, más bien deberán ser entendidas como estructuras preconceptuales organizadas desde la experiencia corporal.

- La situacionalidad involucra corporalidad en todo proceso cognitivo.

- La situacionalidad tiene que ver con personas en acción.

- La cognición no depende de manipulación de representaciones sino de patrones de conducta de un organismo en un entorno.

Para comprender mejor esta propuesta de la teoría de la enacción es necesario investigar un poco más de dónde surge o en qué se sustenta. Su creador, Varela, antes de especializarse en las ciencias cognitivas, realizó estudios sobre la autopoiesis. El enfoque corporizado y situado usado en el enfoque enactivo para caracterizar los agentes presentes en la cognición surge a partir de los estudios de la autopoiesis.

Por lo tanto, cabría dedicar un apartado a comprender qué es el concepto de autopoiesis, de dónde surge y cuáles son sus fundamentos básicos.

6.2.6.   Aspectos básicos de la autopoiesis

Las maneras de entender la autopoiesis han ido evolucionando desde la primera vez que se dio a conocer el concepto de la mano de sus creadores Maturana y Varela [24]. La primera propuesta dada por los autores se refiere a la máquina o sistema autopoiético como "una máquina organizada como un sistema de procesos de producción de componentes concatenados de tal manera que producen componentes que generan los procesos o relaciones de producción que los producen a través de sus continuas interacciones y transformaciones, y constituyen a la máquina como una unidad en el espacio físico" [24].

Se entiende bajo este paradigma que las máquinas o sistemas autopoiéticos lo que hacen es proporcionar una manera de entender a los seres vivos como un esquema de los procesos de transformación que sufren los componentes del esquema para dar como resultado la propia configuración del ser vivo. Con esta manera de entender la biología molecular y la teoría de la evolución se hacen coincidir la identidad y la actividad, así como el proceso y la entidad producida. Ahí radica la diferencia con los enfoques clásicos.

Los sistemas autopoiéticos tiene como característica principal el cierre operacional y organizacional, esto quiere decir que estos sistemas se organizan de manera que mantienen la organización global de los elementos que la componen, no solo la estabilidad de ciertas variables del esquema o configuración.

Las características principales de esta teoría residen en una diferenciación entre organización y estructura, entendiéndose organización como cualquier concepto que trata de captar la parte invariante de los seres vivos, y como estructura a la realización física de ese ser vivo, que es variable.

La otra diferenciación que se hace es entre apertura y cierre, bajo la teoría de la autopoiesis se entiende que las estructuras son abiertas, y que intercambian materia y energía, mientras que la organización está cerrada como un proceso global cíclico que se va regenerando y determinando a sí mismo.

Por último, otra de las características de esta teoría es su internalismo, esto se pone de manifiesto debido a que, durante el transcurso del tiempo, la máquina autopoiética se relaciona con su entorno y su estructura determina los posibles cambios que puede sufrir con las perturbaciones existentes. La importancia reside en que el entorno no es el que define los cambios, simplemente los impulsa, sin embargo, estos efectos que sufrirá la máquina dependen de la estructura receptora, y son estos mismos estímulos los que producen las distintas alteraciones o cambios. Esto marca la diferencia con el conocimiento clásico de la relación entre el estímulo externo y la respuesta interna del sistema.

La autopoiesis se asocia a la capacidad del sistema para dotar de significado al mundo, la cognición se considera como una propiedad relacionada, incluso coincidente, con la vida [25]. De ahí que esta teoría diese pie a Varela a interesarse por las ciencias de la cognición y hacer la propuesta de la mente enactiva que se ha desarrollado en el apartado anterior.

Una vez expuestos los enfoques de la mente enactiva, sustentado por el enfoque de los sistemas autopoiéticos, se hace bastante patente que es necesario recopilar los conocimientos existentes sobre la percepción corporizada de los movimientos y qué relación tiene con los procesos cognitivos entendidos como procesos simbólicos, de manera que se puede explicar la importancia de la acción o la ejecución de las tareas entendidas como procesos que realiza la mente corporizada, no aislada.

6.3. Relación entre percepción y cognición

La importancia de este punto del estudio reside en que los seres humanos al realizar cualquier tipo de tarea la hacemos acompañada de movimiento, y junto con ese movimiento existe una información sensorial asociada que justifica la acción realizada.

Durante la realización de una actividad, el apartado sensorial del cuerpo está en continuo intercambio de información sobre la percepción de las acciones que se están realizando. De modo que se puede decir que los movimientos están justificados o definidos por la forma en la que la mente percibe esas sensaciones.

Para entender mejor estos conceptos, es necesario explicar los distintos ámbitos o tipos de percepción del movimiento, así como la importancia de los mismos desde el punto de vista del diseño.

6.3.1. Ámbitos de la percepción del movimiento

❖ Propiocepción

Es el tipo de percepción que aporta la conciencia de sus propios movimientos al usuario. Frente a sus acciones la propiocepción es la que les hace saber si se están realizando o no movimientos.

❖ Percepción espacial

Es la que permite a los seres humanos situarse en relación con el espacio. A través del uso de sus sentidos físicos (visual, auditivo, etc.) y desde un punto de referencia, la persona es capaz de construir un esquema espacial de lo que le rodea y lo que percibe. Este ámbito de la percepción incluye la percepción visual, que ha sido la más utilizada a la hora de diseñar, como se verá más adelante.

❖ Percepción del tacto

Este ámbito de la percepción ha sido dividido en tres modos diferentes de procesar la información percibida a través del sentido del tacto. El primero de los modos es la percepción táctil, que se queda únicamente en la información que es recibida por el sentido cutáneo mientras el sujeto está en una postura estática mantenida durante toda la estimulación.

El segundo modo es la percepción kinestética, que lo que recoge es la información proporcionada por los músculos y los tendones. Finalmente, el último de los modos es la de la percepción háptica, que es aquella que une tanto la percepción táctil y la kinestésica, combinándose para proporcionar información de los objetos existentes en el entorno. Es la que se pone en práctica cuando se utiliza el sentido del tacto de manera voluntaria.

Por lo general, la percepción visual es la que ha tenido la mayor importancia y desarrollo en las investigaciones para estudiar los procesos implicados en la percepción y posterior representación mental o cognición de los objetos con los que interactúa o de las tareas que realiza. Sin embargo, posteriores estudios de autores como Katz, Révész o Gibson pusieron en el mapa a la percepción háptica como un ámbito de la percepción de gran importancia a la hora de arrojar información sobre los procesos mentales a la hora de realizar una tarea o usar un objeto, dejando de lado la creencia de que se trataba de una percepción secundaria o de nivel inferior que estaba subordinada a la percepción visual.

Una vez contextualizado el conocimiento relativo sobre la percepción, se procede a intentar integrar toda esta información con lo que ya se había mostrado previamente sobre la cognición, para así sustentar o defender el enfoque corporizado, situado y enactivo de la cognición.

Como ya se ha expuesto anteriormente, este enfoque de la cognición se construye no sobre representaciones simbólicas como se creía anteriormente, sino que se cimienta sobre las representaciones creadas a través de proyecciones metafóricas, fuertemente ligadas al componente enactivo o corporizado de la experiencia.

Se puede, por tanto, considerar que reside la base del sistema cognitivo de las personas en la experiencia de uso directa que tienen con los objetos que componen su entorno, así como en la manera que tienen de usar su mente para procesar o entender la realidad, basándose en los conceptos básicos que han ido adquiriendo con el conocimiento práctico del mundo.

Estos conceptos básicos que conforman las estructuras de conocimiento de los usuarios se han ido formando a partir de las experiencias tanto temporales como espaciales que perciben las personas a partir del movimiento de su cuerpo en la realización de actividades o la manipulación de objetos o productos de su entorno. Se entiende entonces que los esquemas mentales que conforman el conocimiento se basan en la actividad o en la percepción kinestésica y háptica de las personas.

Según el estudio de Mark Johnson [26], las estructuras cognitivas de los humanos pueden agruparse en una categorización básica de lo que se conocen como imágenes kinestésicas, diferenciando entre esquema contenedor, esquema parte-todo y esquema origen-senda-meta. La característica de estos esquemas es que se producen debido a la experiencia corporal de las personas y tienen una lógica básica. Se defiende que estos esquemas se originan debido a actividades e interacciones sensomotrices y que a través de ellas se generan las estructuras conceptuales de la experiencia de los humanos.

Johnson, junto con Lakoff [27] desarrollaron un nuevo enfoque de la cognición, que apoya al enfoque enactivo que se quiere explicar, que se conoce como el enfoque experiencialista, que defiende que las estructuras conceptuales significativas surgen de una de las dos opciones siguiente:

- De la naturaleza estructurada de la experiencia corporal y social.

- De la capacidad innata de los humanos para proyectar imaginativamente a partir de ciertos aspectos bien estructurados de la experiencia corporal e interaccional hacia estructuras conceptuales abstractas.

Se podría por último concluir que este enfoque en conjunción con el enfoque enactivo, pone de manifiesto que el conocimiento no es únicamente un proceso mental, sino que incluye elementos del cuerpo y mente de los humanos. Además, este conocimiento se genera a raíz de la habilidad de los seres humanos de percibir interacciones o eventos que son generados o bien por el movimiento o por la situación espacial.

Ligado a este conocimiento surge el concepto de la teoría de las affordances, que se desarrollará en los siguientes apartados en profundidad, se sustenta sobre la creencia de que las propiedades de estimulación a las que es sensible la persona a través del tacto en numerosas ocasiones no está completamente definido por las características de los objetos con los que se interacciona, sino que deben explicarse a través de la actividad conjunta existente entre el producto y el sujeto que realiza la acción. Es decir, que muchas veces la comprensión de la percepción a través del tacto necesita de una explicación kinestésica del movimiento que realizan las personas al relacionarse con el objeto externo.

6.4. Teoría de las affordances

El concepto de affordances apareció por primera vez en 1966 de la mano del psicólogo James Gibson para definir una perspectiva centrada en la acción sobre la percepción visual del entorno externo [28].

El autor dijo que cuando las propiedades constantes de los objetos son percibidas (la forma, tamaño, color, textura, composición, movimiento, animación y posición relativa a otros objetos), es cuando el observador puede pasar a detectar sus affordances. Con este término se refería a las cosas que estos objetos proporcionan. Lo que le permiten hacer al observador, después de todo, depende de sus propiedades [28].

La definición más conocida del concepto, dada por el propio Gibson es la siguiente: "Las affordances del medio ambiente son lo que este ofrece al animal, lo que le proporciona ya sea para bien o para mal. El verbo en inglés "to afford" se encuentra recogido en el diccionario, mientras que el sustantivo "affordance" no. Lo he inventado. Con affordance quiero decir que es algo que se refiere tanto al medio ambiente como al animal de una manera que ningún término existente lo hace. Implica la complementariedad del animal y el medio ambiente." [29]

Esta definición ha ido sufriendo variaciones a lo largo de los años, originalmente se contextualizaba en la percepción visual de las propiedades del entorno y su relación con los objetos y espacios, sin embargo, se ha pasado a pensar que se puede relacionar con las emociones y con las interacciones hombre-máquina, ayudando a facilitarlas y hacerlas más intuitivas. Como ya se ha mencionado a lo largo del trabajo, las emociones son aspectos presentes en los procesos cognitivos y sociales fundamentales de los seres humanos, considerado de vital importancia e interés en el diseño de productos en este trabajo.

Las emociones, como ya se ha visto, forman parte de cualquier evento cognitivo de carácter informacional, sin embargo, se ha comproado a través de los diferentes enfoques cognitivos, que puede también ser un mecanismo que gestione las representaciones internas, así como para compartir datos con otros agentes externos. Esto se conoce como la naturaleza encarnada de las emociones, que afecta a la manera en la que los seres humanos perciben y construyen sus experiencias emocionales, como ya se dijo en apartados anteriores.

Tras las modificaciones que ha ido sufriendo el concepto de affordances y uniéndolo a los conocimientos de emociones, se podría definir el término como la relación existente entre un evento informativo, que pueden ser objetos, entornos o elementos virtuales o imaginarios, y un organismo que, a través de estímulos y procesos heurísticos, permite la oportunidad de que el organismo realice una acción concreta.

Para hacerlo más entendible, affordances son los posibles usos que tiene un objeto y que puede realizar una entidad u organismo con este objeto.

Aunque las personas son los intérpretes de las experiencias y son los que crean el uso, la naturaleza junto con el entorno y los objetos, así como con las expectativas, las habilidades y la intencionalidad de los usuarios son los que hacen que surjan las posibles affordances.

Se podría decir que las emociones o el proceso de sentir emociones son affordances o están relacionadas con el proceso de ser capaces de percibir esas affordances, ya que ambos procesos están involucrados en la detección y preparación inmediata de los usuarios para realizar acciones (por ejemplo, la percepción visual y olfativa de la comida favorita de una persona, le genera un sentimiento de felicidad, pero a la vez le sugiere la acción de comer esa comida).

Cabría destacar que esta relación entre las affordances y las emociones se ve reflejada en los objetos, ya que estos adquieren valores emocionales debido a procesos de transferencia que realizan los humanos, es decir, que dotan a los objetos de un cariz emocional.

Esta relación existente con los objetos, dio paso a pensar en si se podían usar las affordances dentro del ámbito de la ingeniería de diseño o el diseño industrial. La idea de aplicar el concepto de affordances al diseño de productos surgió en el libro "La psicología de los objetos cotidianos" de la mano del autor D. Norman [30].

En este libro el autor combina conocimientos de la psicología ecológica de Gibson con nociones de ergonomía, generando así un nuevo concepto de diseño que es conocido como el diseño centrado en el usuario. Este enfoque de diseño de productos se centra principalmente en satisfacer las necesidades y expectativas de los usuarios, sin tener en cuenta otras cuestiones que Norman consideraba como secundarias, como podía ser la estética o la forma [30].

Bajo el paraguas del UCD (diseño centrado en el usuario) la figura de un buen diseñador es la de aquel que hace las cosas viables, de manera que el producto comunique a través de su interfaz la información correcta los usuarios, de modo que estos puedan saber qué acciones tiene que realizar, es decir, sea capaz de reconocer las affordances de dicho producto.

Esta aplicación al diseño de productos hace que el término affordances se aleje de la definición tal como la concibió Gibson. Las diferencias entre el enfoque gibsoniano y el aportado por Norman es que Gibson se centraba principalmente en comprender cómo las personas percibían la realidad, mientras que Norman en lo que estaba interesado era en diseñar objetos cuya funcionalidad o utilidad pudiese ser percibida fácilmente.

Bajo las palabras del propio Norman: "El diseñador se preocupa más por las acciones que el usuario percibe como posible que de lo que es verdad " [31].

Con la evolución del diseño y el aumento de los conocimientos que se tienen de la mente de las personas y de sus procesos cognitivos, se ha querido llevar el concepto de las affordances hacia una unión con la neurociencia, pasando a tratar el concepto de las neuroaffordances, se pretende por tanto unir los conocimientos sobre los procesos cognitivos y la intuición humana con los conocimientos sobre las affordances expuesto en este apartado, entendiéndose la intuición como el conocimiento tácito o el conocimiento adquirido a través de la información que no puede ser comunicada fácilmente de manera verbal, aquella que se relaciona con conocimientos adquiridos de la experiencia directa y del entrenamiento.

Se propone que la manera de abordar el objetivo de diseñar productos intuitivos o neuroproductos sea mediante la dotación de indicaciones cognitivas al producto con las que se pueda entender su uso sin necesidad de instrucciones, es decir, que despierten esa experiencia de uso.

Se plantea el uso de estas neuroaffordances en el diseño de productos, de manera que al percibirlas se cree un rápido mapeo semántico entre la percepción simbólica y las representaciones de acción, construyendo así nuevos símbolos perceptivos para detectar la usabilidad de los objetos a través del aprendizaje y la experiencia de uso.

6.5. Diseño centrado en el usuario (UCD) y experiencia de uso (UX)

Como ya se ha mencionado en el punto anterior, el diseño centrado en el usuario (UCD) fue introducido en el mundo del diseño por el profesor Norman, que empezó a usar este término en sus conferencias. Este nuevo enfoque ofrecía nuevas técnicas y métodos de trabajo en las que la utilidad del producto no estaba necesariamente reñida con las necesidades de los usuarios y el placer del uso de los objetos.

Se utilizó sobre todo el concepto de UCD para la investigación y el desarrollo del diseño de interfaces de usuario para los productos. Se centraba en observar la manera en la que las personas interaccionaban o usaban los sistemas y de qué manera estos creaban sus propios modelos mentales basados en la experiencia de uso o en el proceso de interacción. Este proceso de uso de la interfaz y generación de la experiencia se basa en tres términos fundamentales a la hora de comprender este nuevo enfoque:

- El modelo conceptual: Ofrecido por el diseñador del sistema.

- Interfaz: La imagen que el sistema presenta al usuario.

- El modelo mental: Desarrollado por el usuario a partir de la imagen.

Bajo en nuevo enfoque de diseño se pretendía responder a las siguientes preguntas: ¿quién usará el producto?, ¿qué uso va a hacer con él? y ¿qué va a necesitar para alcanzar sus objetivos? Con las respuestas a estas preguntas se pretendía llegar a conseguir productos que tuviesen la funcionalidad adecuada a los usuarios a los que va dirigido.

La regla principal de este enfoque, y que deben tener clara todos los diseñadores es que se parte de la base de que el usuario debe ser el centro de todas las decisiones de diseño que se tomen acerca del producto. La motivación de esta regla es que ya no se trata únicamente de diseñar productos que cumplan una función, sino que se quiere ir más allá y diseñar las experiencias de usuario, estas no son capaces de ser entendidas de manera aislada tomando únicamente el producto como referencia, sino que hace falta vincularlo a su uso, su contexto y las motivaciones o necesidades de los usuarios a los que va destinado.

Algo digno de mención en este apartado es que por lo general se suele confundir o mezclar el término usabilidad con el diseño centrado en el usuario (UCD), si bien la usabilidad es uno de los pilares centrales a la hora de realizar cualquier diseño bajo el enfoque UCD, existen diferencias significativas entre ambos conceptos. Se entiende por usabilidad un atributo o característica de calidad de los diseños o productos, mientras que el UCD es la manera usada para alcanzar o mejorar esa usabilidad del producto. Por lo tanto, pueden diseñarse productos que sean usables o que tengan unas buenas características de usabilidad, pero no estén necesariamente diseñador aplicando este enfoque de UCD [34].

La usabilidad se entiende como la eficacia, eficiencia y satisfacción con la que un producto permite alcanzar objetivos específicos a usuarios específicos en un contexto de uso específico. Lleva asociados una serie de principios básicos en los que se basa el concepto, como son la facilidad de aprendizaje, la facilidad de uso, la flexibilidad y la robustez.

Se entiende el UCD como un proceso cíclico de diseño en el que todas las decisiones que se tomen están centradas en el usuario, así como en las necesidades que va a satisfacer el producto. En este proceso se evaluará de forma iterativa la usabilidad de la propuesta de diseño que se esté estudiando.

Se puede descomponer este proceso de diseño en 4 fases basadas en la norma ISO 13407:

- Entender y especificar el contexto de uso: Identificar a las personas a las que se dirige el producto, para qué lo usarán y en qué condiciones.

- Especificar requisitos: Identificar los objetivos del usuario y del proveedor del producto deberán satisfacerse.

- Producir soluciones de diseño: Esta fase se puede subdividir en diferentes etapas secuenciales, desde las primeras soluciones conceptuales hasta la solución final de diseño.

- Evaluación: Es la fase más importante del proceso, en la que se validan las soluciones de diseño (el sistema satisface los requisitos) o por el contrario se detectan problemas de usabilidad, normalmente a través de test con usuarios.

Figura 20: Proceso cíclico de diseño UCD

Ligado a este enfoque del diseño centrado en el usuario y a la usabilidad, habría que hacer mención a otra filosofía de diseño conocida como "Diseño de Experiencias de Usuario" (UX), dicha filosofía se centra en el diseño de productos que resuelvan las necesidades concretas de los usuarios a los que van dirigidos los productos, de manera que estos obtengan la mayor satisfacción y la mejor experiencia posible al usar el producto y con la realización del mínimo esfuerzo por su parte. Según Dan Saffer, el UX se puede describir como "lo que el cliente percibe al usar o probar un producto y una forma de ver estos productos de manera integral desde el punto de vista de un usuario que probablemente no le importa cómo se hacen esos productos, sólo el producto en sí mismo".

Como se puede apreciar esta filosofía UX y el enfoque UCD están íntimamente relacionadas y ambas comparten un proceso de diseño parecido basado en las siguientes fases:

- Conocer a fondo a los usuarios objetivos a través de investigaciones cualitativas o cuantitativas.

- Diseñar un producto que resuelva sus necesidades y se ajuste a sus capacidades y expectativas.

- Probar el diseño mediante test de usuarios para comprobar su usabilidad.

El término de UX representa un cambio en el concepto que se tiene de usabilidad, pasaría de centrarse únicamente en la mejora del rendimiento del usuario en su interacción con el producto, a incluir otro tipo de problemas a resolver como es la utilidad del producto y el placer psicológico con su uso. Es por esta creencia por lo que estas dos filosofías de diseño están tan ligadas al concepto de neurousabilidad, ya que aportan la visión de la importancia que tiene el conocimiento psicológico de la persona y de sus emociones a la hora de diseñar productos que realmente satisfagan todas sus necesidades y no únicamente cumplan una función.

6.6. Motivaciones de uso

Para finalizar la contextualización de la neurousabilidad, cabría dedicar un apartado al estudio de aquello que motiva a los usuarios a utilizar o desear los productos, dado que además de estudiar cómo hacer que los diseños se adapten a las personas y su uso sea intuitivo y que genere los procesos mentales adecuados para su correcto uso y aprendizaje, el ingeniero de diseño debe también hacer que los usuarios se sientan atraídos por los productos y sientan el deseo o la necesidad de tenerlos.

Para ello, se van a introducir conceptos como son la motivación o las necesidades de los usuarios, algo que es de vital importancia a la hora de diseñar objetos o servicios.

Como ya se ha mencionado durante todo este capítulo de la neurousabilidad, comprender al usuario es imprescindible a la hora de diseñar neuroproductos, de la misma manera, para comprender el comportamiento que los usuarios tienen hacia los productos es necesario conocer las motivaciones de este.

Por lo general, se entiende como motivo o como motivación el impulso que lleva a las personas a actuar de una manera determinada, es decir, es aquello que da lugar a un comportamiento o a una acción específica. Estos impulsos pueden ser provocados por estímulos externos, del entorno, o por procesos internos mentales del individuo.

Esto es lo que hace que la motivación esté íntimamente relacionada con la cognición y los procesos mentales que se han estudiado a lo largo de este capítulo. Se debe comprender que todos los actos que realice el individuo están guiados por su cognición.

La motivación no es más que la representación de la acción de las fuerzas activas o impulsoras que llevan a los seres humanos a realizar las tareas o acciones, estas fuerzas son conocidas como las necesidades humanas. Estas necesidades son las que motivan el comportamiento humano y guían sus patrones de comportamiento.

Estos patrones de comportamiento humano pueden explicarse a través del ciclo de la motivación, que es el proceso mediante el cual las necesidades humanas condicionan el comportamiento de los individuos.

Este ciclo comienza en el momento en el que surge una necesidad que rompe el equilibrio en el que se encontraba el organismo, causando así tensión, insatisfacción, incomodidad y desequilibrio en el usuario. Esto es lo que hace que la persona realice la acción o el comportamiento buscando aliviar esa tensión o liberarse de ese desequilibrio. Si el comportamiento o la acción son eficaces, el individuo encontrará la satisfacción a esa necesidad, volviendo al estado de equilibrio inicial. Sin embargo, no siempre se llega a la satisfacción de las necesidades, sino que estas pueden acabar siendo o bien frustradas, es decir, no se ha satisfecho la necesidad, o bien compensadas, es decir, transferidas a otro objeto o acción que las pueda satisfacer [36].

Una vez entendido el ciclo de la motivación de las personas, sería interesante estudiar más en profundidad las necesidades humanas, para ello se va a realizar una aproximación a las necesidades basándola en la "Teoría de la motivación humana" de Maslow [37].

Maslow jerarquizó las necesidades en cinco categorías diferentes, de acuerdo a su importancia para la supervivencia y a la capacidad de motivación que supone satisfacer esa necesidad.

La categorización de las necesidades propuesta por Maslow es la siguiente [38] [39]:

- Necesidades fisiológicas: son de origen biológico y están orientadas hacia la supervivencia de la persona; se consideran las necesidades básicas.

- Necesidades de seguridad: cuando las necesidades fisiológicas están en su gran parte satisfechas, surge un segundo escalón de necesidades orientadas hacia la seguridad personal, el orden, la estabilidad y la protección.

- Necesidades de amor, afecto y pertenencia: cuando las necesidades de seguridad y de bienestar fisiológico están medianamente satisfechas, la siguiente clase de necesidades contiene el amor, el afecto y la pertenencia o afiliación a un cierto grupo social y están orientadas, a superar los sentimientos de soledad y alienación.

- Necesidades de estima: orientadas hacia la autoestima, el reconocimiento hacia la persona, el logro particular y el respeto hacia los demás; al satisfacer estas necesidades, las personas se sienten seguras de sí misma y valiosas dentro de la sociedad; cuando estas necesidades no son satisfechas, las personas se sienten inferiores y sin valor.

- Necesidades de auto-realización: son las más elevadas y se hallan en la cima de la jerarquía; Maslow describe la auto-realización como la necesidad de una persona para ser y hacer lo que la persona "nació para hacer", es decir, es el cumplimiento del potencial personal a través de una actividad específica.

6.7.   Artículos de interés sobre neurousabilidad

En este apartado se van a mostrar algunos de los textos que usan los conceptos explicados anteriormente y que resultan de interés a la hora de comprender mejor la neurousalibidad y sus funciones actualmente.

6.7.1. Allocentric Emotional Affordances in HRI: The Multimodal Binding

En este artículo, en primer lugar, se realiza una introducción al concepto de las affordances y a su desarrollo histórico hasta llegar a lo que se conoce actualmente por ese término. Sin embargo, la importancia del mismo para este punto del trabajo reside en que propone un modelo, en el que se exponen varios procesos mentales que ocurren en los seres humanos y lo trasladan al procesamiento que deben realizar los robots. Nombran dicho estudio como modelo AAA (Affordance-Appraisal-Arousal).

En el modelo AAA se representan las tres fases mencionadas, que se suceden de manera sucesiva y que van desde le proceso perceptivo hasta la respuesta conductual que daría el ser humano o bien el robot.

Como se aprecia en la Figura 21, la generación de las affordances, se realiza a través de un mecanismo neural que es alimentado por la percepción sensorial de los estímulos externos.

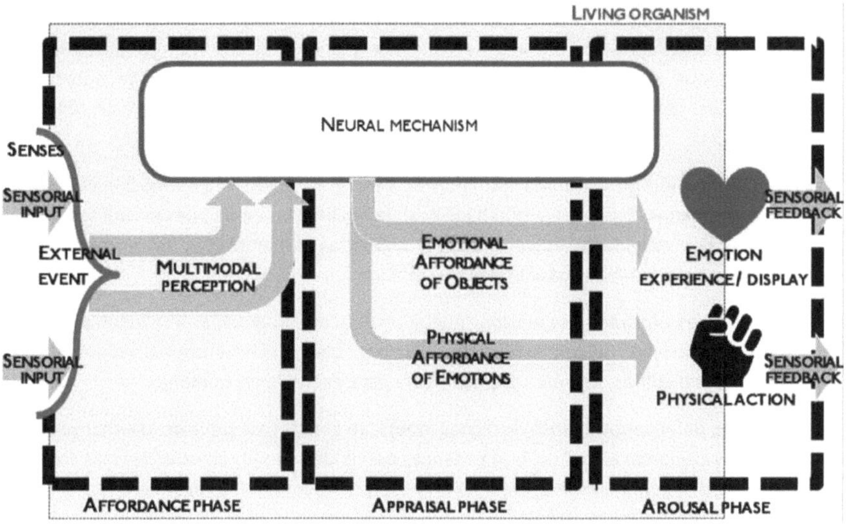

Figura 21: Modelo AAA aplicado a organismos vivos (J. Vallverdú, G. Trovat y L. Jamone, 2018)

La misma estructura es la que se propone para los robots, pero haciendo una separación entre una librería de emociones y affordances que es la que entra en contacto con el robot, tal como se puede apreciar en la figura 22.

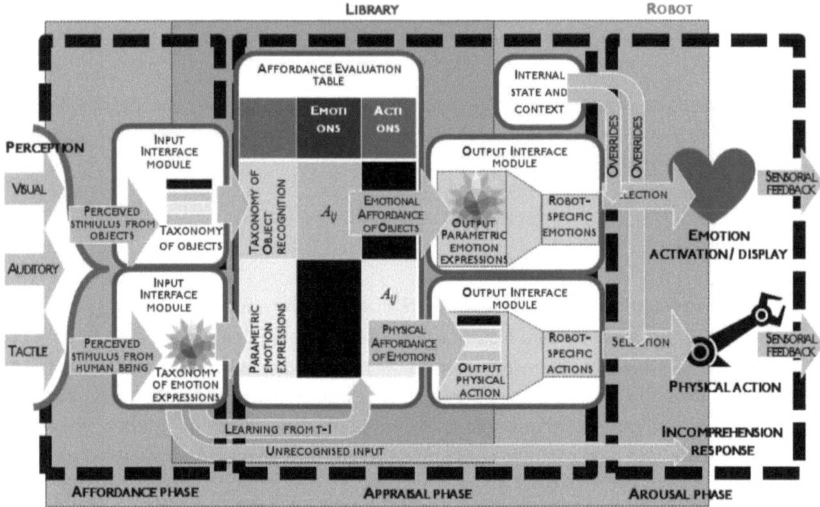

Figura 22: Modelo AAA aplicado a robots (J. Vallverdú, G. Trovat y L. Jamone, 2018)

En la fase de la percepción, los robots suelen ser capaces de percibir el entorno a través de canales sensoriales como son el visual, el auditivo y el táctil, siendo el visual el más relacionado con las affordances. En este modelo concreto, se estudia un sistema genérico de entradas de tipo multimodal, sin entrar en el análisis de cómo aparecen los símbolos o como se conectan y anclan al entorno. En el modelo se supone que un robot genérico es capaz de percibir y clasificar cierto número de estímulos, pero se quieren dividir esos estímulos en dos grandes categorías: objetos y humanos.

La clasificación de estímulos humanos se centra en expresiones emocionales de los seres humanos. Esta subdivisión hace posible analizar las emociones existentes y crear conexiones semánticas entre entidades animadas e inanimadas, de manera que el robot imite habilidades básicas de los humanos.

Las posibles entradas que el robot puede reconocer son aquellas que están presentes en la librería con la que interactúa el robot, que se encuentran divididas en dos interfaces distintas, una para objetos y otra para expresiones humanas.

A través del reconocimiento de dichos inputs, se genera una tabla de affordances en la que se relacionan los inputs o affordances percibidas con las emociones o las acciones que pueden generar, dando lugar así a los outputs que le van a llegar al robot.

Estos outputs están representados como la ejecución por parte del robot de una expresión emocional como consecuencia de las affordances del objeto percibido, o la ejecución de una acción como consecuencia de una affordance de una expresión emocional humana.

Como curiosidad cabría mencionar que la librería se puede personalizar en función del usuario o grupo de usuarios con el que vaya a interactuar el robot, generando así tablas de affordances distintas para cada uno de los grupos, haciendo que sea más precisa la traducción de esas affordances a las emociones o acciones que debe generar el robot.

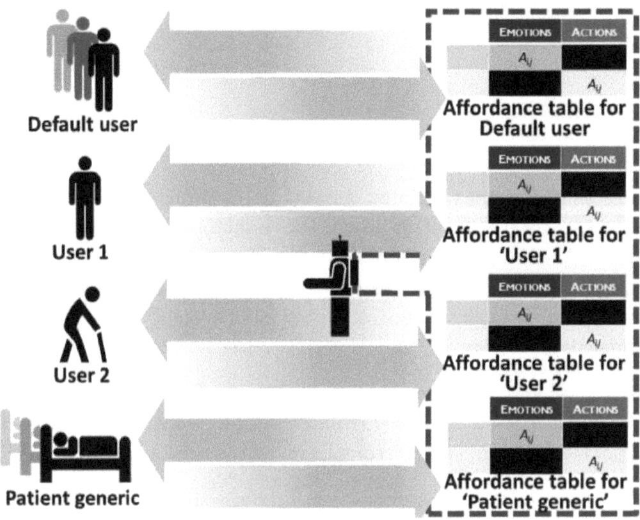

Figura 23: Tablas personalizadas de evaluación de affordances (J. Vallverdú, G. Trovat y L. Jamone, 2018)

6.7.2. Perceived Affordances in Older People with Dementia: Designing Intuitive Product Interfaces

En este artículo se lleva a cabo un estudio experimental en el que se quería examinar la usabilidad intuitiva de elementos de los hornos por personas que padecen de demencia leve. Se seleccionaron 25 pacientes y se les pidió que programasen el tiempo de cocinado en el horno.

Se estudiaron diferentes modelos de hornos, para así hacer un recopilatorio de los diferentes tipos de botones o controladores que hay para programar el tiempo de cocinado, y se generaron 9 opciones distintas, en función de si los botones eran redondos o cuadrados, si estaban dispuestos en una, dos o tres columnas o si tenían un reborde exterior.

Se programaron los 9 tipos de controladores en una Tablet para que los usuarios interaccionasen con ella y programasen el tiempo de cocinado, mostrando una opción cada vez y monitoreando el tiempo que el usuario tardaba en realizar la tarea completa y si era capaz de realizarla o no.

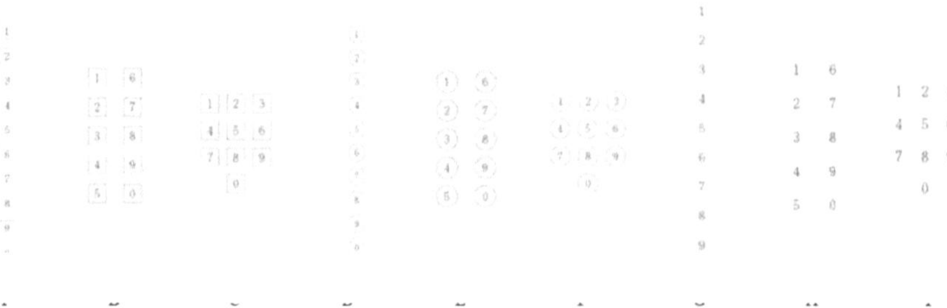

Figura 24: Alternativas de interfaces para programar el tiempo (Li-Hao Chen, Yi-Chien Liu y Pei-Jung Cheng, 2018)

Se registraron dos tiempos distintos, primero se registró el tiempo transcurrido antes de que el sujeto tocara la pantalla en el primer intento, es decir, el tiempo de reacción inicial, de modo que se pudiese analizar si las características de la interfaz provocan un uso intuitivo. En segundo lugar, se registró el tiempo transcurrido antes de que el sujeto completara la tarea, es decir, el tiempo de finalización de la tarea, para analizar la usabilidad de la interfaz.

Se analizaron y compararon los tiempos iniciales y finales obtenidos para cada interfaz y para cada usuario, así como si fueron capaces de completar la tarea o no y las razones por las que no la pudieron completar.

Se obtuvieron resultados como que las interfaces que sitúan los botones en 3 columnas son las que llevan asociadas un nivel más bajo de usabilidad intuitiva, sin embargo, no diferían mucho los tiempos en función de las formas de los botones, por lo tanto, aunque una disposición simple y clara de los elementos de la interfaz dio como resultado reacciones más intuitivas entre los usuarios, estas interfaces no eran necesariamente más intuitivas de usar unas de otras.

Estas conclusiones reafirman la creencia de que las interacciones intuitivas se basan en las experiencias pasadas de un usuario y son rápidas y no conscientes. Por lo tanto, un producto con estilos operativos que coincidan con las experiencias del usuario puede mejorar la usabilidad del producto.

7. NEUROGESTIÓN DEL DISEÑO Y DESARROLLO DEL PRODUCTO

En este capítulo se desarrollará el tercer y último enfoque propuesto para definir la neuroingeniería, este tercer pilar de la triada es el de la neurogestión del diseño, a lo largo de este punto se abordará en primer lugar qué es la gestión del diseño y los niveles de actuación que esta tiene, operativo, estratégico y táctico.

Posteriormente, se pasará a ver los aportes que la neurociencia cognitiva puede darle a la gestión del diseño a través de conceptos neurocientíficos que tienen una estrecha relación con la empresa y su gestión, así como las técnicas, herramientas y modelos que pueden ayudar a mejorar la neurogestión del diseño.

Figura 25: Propuesta de Neurogestión (elaboración propia)

Para entender mejor el concepto de neurogestión del diseño y desarrollo del producto, se presenta este campo de conocimiento como el eje central del estudio, dividido en sus tres niveles de actuación, a nivel de la empresa (estratégico), nivel de la cartera de productos (táctico) o a nivel de producto (operativo), que se nutre de los conocimientos propios de la neurociencia cognitiva para su desarrollo a través de diferentes fuentes de entrada de conocimiento como son el neuromanagement, el neuroaprendizaje, el neuroliderazgo, etc.

La intención en este apartado es la de esclarecer de qué manera se puede gestionar o controlar el proceso de neuroingeniería del diseño de productos, es decir, no basta únicamente con el diseño de los productos, ni con dotarlos de los atributos necesarios para su correcto uso y aceptación por parte de los usuarios, sino que en este enfoque se busca que ese diseño, desarrollado a través de los beneficios obtenidos de la neurociencia, se gestione de manera correcta para llegar al mercado.

Esta correcta gestión de los productos para que se posicionen adecuadamente en el mercado y sean diseños exitosos se pretende conseguir a través de los conocimientos aplicados de la neurociencia cognitiva, a través de las técnicas propias del neuromanagement, neuroliderazgo, neurocoaching y neuroaprendizaje, de modo que se formen gestores del diseño que sean capaces de aplicar modelos cognitivos para guiar a los equipos de diseño correctamente hasta los objetivos marcados por la empresa y organización.

Para ello, se va a realizar la definición de los conceptos claves de la neurogestión, así como la generación del marco de actuación para este enfoque, posteriormente se presentarán los modelos cognitivos que soportan estos campos de conocimiento y se realizará una revisión de los artículos que se consideren de mayor interés para enriquecer el enfoque de la neurogestión.

7.1. Estado del arte para la neurogestión del diseño

En primer lugar, como en los dos enfoques anteriores, se realiza una aproximación al término "Neurogestión" o "Neuromanagement" a través de las bases de datos Scopus, WOS y PubMed, así como a través del buscador de Google Académico, para tener una idea de la cantidad de textos o artículos que existen sobre este concepto y que deben ser revisados para encontrar los que sean de interés para este trabajo, para así componer el estado del arte del enfoque de gestión del diseño.

La búsqueda inicial del término "Neurogestión" de nuevo aportó unos resultados muy poco motivadores, como en el caso de "Neurodiseño" o "Neurousabilidad", ya que se obtuvieron un total de cero artículos para las tres bases de datos consultadas, Scopus, WOS y PubMed. Como ya se podía suponer con las dos búsquedas de los anteriores enfoques, este tipo de estudios o de investigaciones no han tenido un amplio recorrido en español, se trata de conceptos que aún están por desarrollar en este idioma.

Sin embargo, la búsqueda del mismo concepto, pero en inglés, "Neuromanagement", si aportó mejores resultados, lo que era de esperar basados en las experiencias de los enfoques anteriores.

Para este término se obtuvieron un total de 36 textos a revisar en la base de WOS, otros 36 textos en la Scopus y otros 36 artículos en PubMed. Además, se incorporó una búsqueda adicional en la base de datos Sciencedirect que aportó un total de 44 textos. Por último, en el buscador Google Académico se recogieron un total de 1120 entradas posibles sobre el término neuromanagement. Estos datos se recogen en la gráfica que se muestra a continuación.

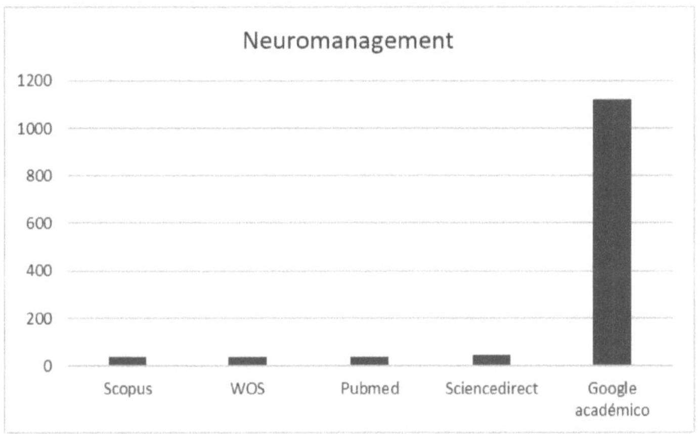

Gráfico 16: Presencia en buscadores (elaboración propia)

Al igual que en los enfoques anteriores, resulta interesante conocer ciertos factores sobre los textos que aparecen en las bases de datos para poder filtrar cuales son los artículos que pueden encajar mejor dentro de esta investigación. Para ello se han generado las gráficas que se muestran a continuación en las que se muestra la evolución temporal de publicaciones sobre este concepto, así como los campos de conocimiento más relevantes con los que se realizan los artículos o los principales autores que han publicado sobre el término Neuromanagement.

Estos datos se han realizado sobre los resultados obtenidos en la base de datos Scopus, como en los dos enfoques anteriores.

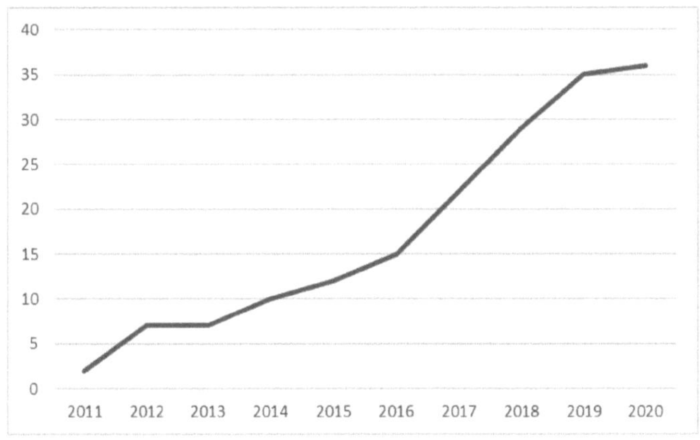

Gráfico 17: Total publicaciones en el tiempo (elaboración propia con datos Scopus 2020)

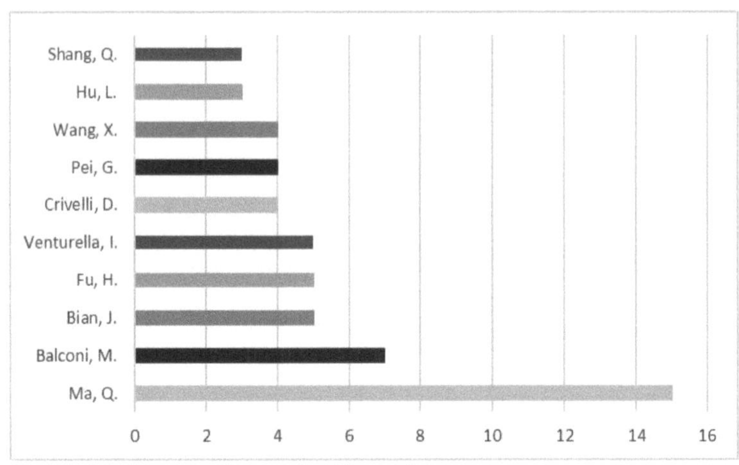

Gráfico 18: Autores predominantes (elaboración propia con datos Scopus 2020)

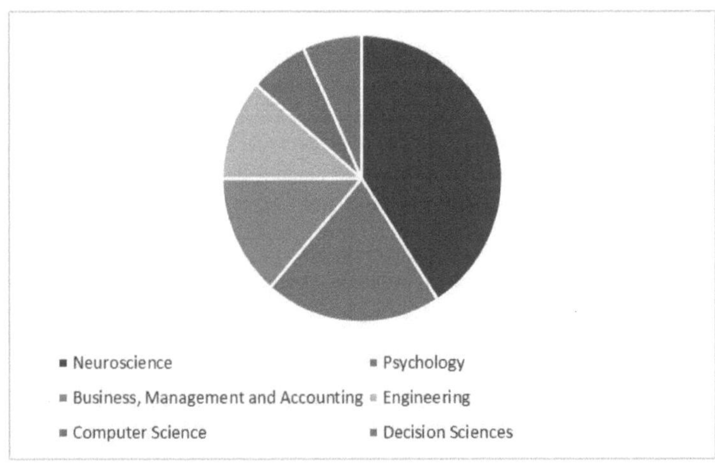

Gráfico 19: Distribución por sectores (elaboración propia con datos Scopus 2020)

7.2. Contextualización de la gestión del diseño y desarrollo del producto

Este apartado está dedicado a entender mejor dónde se emplaza la gestión del diseño y desarrollo del producto dentro de la empresa, y en qué consiste, de modo que se tengan unas bases de conocimientos sobre los que trabajar para definir el concepto de neurogestión del diseño.

En primer lugar, es necesario mencionar que, debido a la gran cantidad de perspectivas desde las que se puede abordar la gestión del diseño, encontrar una definición exacta de este campo es algo complejo. Al estar implicados gran cantidad de personas, profesiones y situaciones, tales como el mundo académico, el sector privado, la industria o el mundo de los negocios, existe una gran falta de acuerdo a la hora de llegar a una definición exacta o a la hora de generar material de consulta sobre este campo de conocimiento.

Es por ello por lo que se van a dar diferentes definiciones para tratar de contextualizar lo mejor posible la gestión del diseño previamente a explicar los distintos niveles de actuación de la gestión.

Para Topalian [42], la gestión del diseño dentro de una empresa engloba la gestión correspondiente a todos los aspectos relativos al diseño diferenciando entre dos ámbitos diferentes: el corporativo y el de proyecto. Afirma que la gestión del diseño debe permitir a todas las partes implicadas conocer mejor los problemas a los que se enfrentan los proyectos de diseño, así como las situaciones corporativas en las que se deben resolver esos problemas.

Otra definición que se puede dar es la de Gorb [43], que se refiere a la gestión del diseño como el despliegue efectivo de los recursos de diseño de los que dispone la empresa, por parte de los responsables de una cartera de productos, para así cumplir los objetivos corporativos de la organización.

Siguiendo en la línea de definiciones, se puede decir que la gestión del diseño consiste en organizar procesos para el desarrollo de nuevos productos y servicios [44], así como que, dentro de la gestión del diseño, el director o gestor del diseño es el encargado de dar las respuestas a las necesidades de la empresa, así como de facilitar el empleo efectivo del diseño [45].

Se entiende por tanto, que la función del director de diseño, es gestionar el diseño y todo lo que ello implique dentro de la empresa u organización en la que desarrolle esa labor, su papel primordial será el de comprender los objetivos estratégicos de la empresa y entender cuál será el papel del diseño para llegar a cumplir dichos objetivos, además de ser el encargado de desarrollar los medios, herramientas, métodos, equipos y planificación necesarios para llegar al cumplimiento de estos objetivos.

El diseño, en el seno de la empresa, puede convertirse en una herramienta activa en los tres ámbitos de gestión de la organización, el estratégico, el táctico y el operativo, ayudando tanto a fijar objetivos a largo plazo, como a facilitar el proceso diario de toma de decisiones. Se puede afirmar, por tanto, que el diseño estará activo en los tres ámbitos de la gestión.

En el primer nivel, dentro del área estratégica, se definen las políticas, misiones y agendas generales que debe cumplir el proceso de diseño. En el ámbito táctico, es donde se determinan los equipos, procesos y sistemas de las distintas unidades y funciones empresariales que tienen relación con el diseño. Por último, en el área operativa, es donde el diseño se refleja en los productos y servicios que genera la empresa, es decir, es cuando se implanta el diseño en los proyectos que finalmente llegan al cliente.

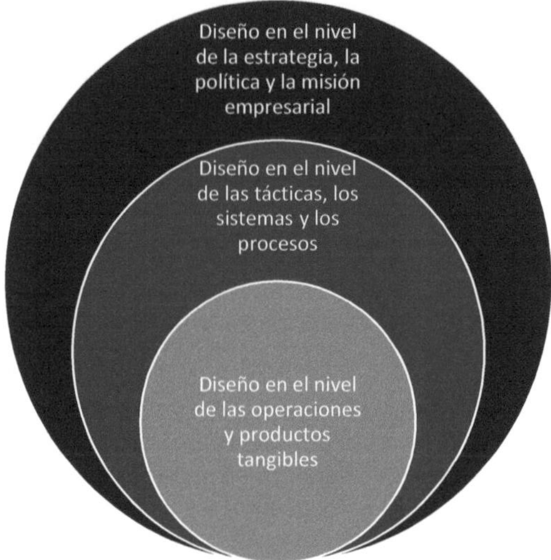

Figura 26: Niveles de gestión del diseño (Kathryn Best)

Se va a proceder a entrar en cada uno de los niveles de gestión, para explicarlos con mayor cantidad de detalle y para mencionar las habilidades que un gestor del diseño necesita tener para cumplir los objetivos de cada uno de los niveles. Para ello se ha utilizado como base principal de referencia el libro "Management del diseño" de Kathryn Best [46].

7.2.1. Gestión de la estrategia de diseño (Nivel estratégico)

Es la fase en la que se conciben los proyectos de diseño, se identifican y se crean las condiciones en las que se proponen, encargan y promueven los proyectos de diseño. Se centra esta fase de la gestión del diseño en decidir la estrategia organizativa desde el punto de vista del diseño, identificando las oportunidades de diseño, interpretando las necesidades de la empresa y de los clientes y analizando la forma de diseño que puede contribuir a la organización en general.

Dentro de esta fase estratégica de la gestión del diseño, existen una serie de puntos clave que son necesarios realizar de la manera más correcta posible, con el fin de llegar a conseguir o cumplir los objetivos o las metas de la organización.

En primer lugar, lo más importante que debe hacer el equipo de diseño y su gestor o líder es **identificar las oportunidades de diseño.** Estas oportunidades pueden darse tanto de manera interna dentro de la compañía, como externamente, en su contexto o entorno. Por lo general suelen derivarse estas oportunidades de diseño como consecuencia de cambios de circunstancias de las nuevas demandas tanto internas como externas de la empresa.

En el caso de hablar de oportunidades en el seno de la empresa, estas pueden hallarse en el nombre, la marca, la misión, la estrategia corporativa, la estrategia empresarial o la estrategia operativa del negocio. Sin embargo, en el caso de centrarnos fuera de la empresa, estas oportunidades pueden venir derivadas de cambios en la política local o nacional, en la economía, la cultura, la sociedad, la legislación o las tendencias tecnológicas.

Aunque sin duda alguna la mejor de las fuentes para descubrir estas oportunidades de diseño son los propios clientes, ya sea por su conducta al utilizar los productos o sus opiniones para mejorar el servicio.

Algunas herramientas para llevar a cabo esta identificación de las oportunidades de diseño son el análisis PEST, el análisis DAFO o el análisis de la competencia, entre otras.

Una vez se han determinado las oportunidades de diseño, otro de los puntos clave en esta fase de gestión es el de **comprender al público y al mercado.** Esto es debido a que no sirve únicamente con que el producto sea fabricable, sino que debe existir un interés en que el producto sea comercializable. Para que esto suceda, el producto debe satisfacer las necesidades de los clientes, y además debe ser capaz de producir beneficios. Para saber si el diseño que se va a proponer constituye una solución empresarial viable, es decir, que se puede comercializar, es fundamental conocer al público y al mercado al que irá dirigido.

Para llevar a cabo este proceso, el diseño se ayuda de los conocimientos propios del ámbito del marketing, con el fin de identificar, anticipar y satisfacer las necesidades de los clientes de forma rentable. Normalmente, el departamento de marketing y el de diseño de las empresas deberían colaborar entre ellos ya que ambos procesos están íntimamente relacionados y pueden respaldarse unos a otros, sin embargo, no es algo habitual. Sería, por tanto, algo positivo que los diseñadores conociesen conceptos o herramientas del marketing como son el análisis del ciclo de vida del producto, la matriz de Ansoff o la matriz BCG de modo que las ideas de diseño que se presenten conecten de algún modo con la estrategia de marketing.

En el momento que se ha entendido el público objetivo y el mercado en el que se desarrollaría la idea de diseño, hay que comprender e **interpretar las necesidades de los consumidores.** El momento en que un diseño aporta más valor es cuando los objetivos de la empresa se encuentran solapados con las necesidades de los consumidores. Para ello hay que conocer en profundidad tanto las necesidades de la empresa como la de los consumidores.

El papel del equipo del diseño es el de ayudar a crear productos y servicios que cubran las necesidades de los consumidores y que expresen visualmente los valores y creencias de la compañía. Si el equipo de diseño es capaz de identificar las necesidades de los consumidores, serán capaces de interpretarlas mejor, de manera que encuentren una solución de diseño viable.

Para llevar a cabo este proceso de comprender el consumidor es necesario conocer tanto las opiniones como los datos estadísticos de los consumidores actuales y potenciales, así como la información de los estudios de mercado. Para ellos los diseñadores recurren a una serie de herramientas o técnicas para recopilar datos sobre los posibles consumidores, tales como moodboards, metáforas y analogías, encuestas de opinión, entrevistas individuales o estudios demográficos.

Con estos datos recopilados, la compañía y el equipo de diseño ya se encuentran en la posición de poder **crear o desarrollar la estrategia de diseño** que van a usar para cubrir esa oportunidad de diseño satisfaciendo las necesidades de los consumidores identificadas.

Suele ser responsabilidad del director o gestor del diseño la creación de un caso empresarial que refleje las necesidades de diseño de la empresa. El objetivo de este caso empresarial es el de convencer a la dirección de la empresa de la necesidad de implantar una estrategia o recurso de diseño que vaya más allá del que poseen en la actualidad.

Con la creación de la estrategia de diseño lo que se pretender es dar respuesta a preguntas generales del diseño dentro de la empresa, como quién será el encargado o el responsable del diseño dentro de la empresa o cómo se delegarán las herramientas de gestión del diseño dentro de la empresa. Además de eso se aportan ideas generales sobre cómo el equipo de diseño designado puede satisfacer las necesidades de diseño de la empresa.

Se entiende, por tanto, que la estrategia de diseño consiste en asignar y coordinar eficazmente los recursos y las actividades de diseño dentro de la empresa a fin de cumplir el objetivo de crear su identidad exterior e interior, sus productos, su oferta de servicio y sus entornos.

En el momento en el que la estrategia de diseño esté desarrollada para la empresa, es papel de director o gestor del diseño realizar la **promoción y venta de la estrategia de diseño.** Para ello, el líder del equipo de diseño debe poseer ciertas habilidades empresariales, con el fin de persuadir a toda la organización de la importancia y viabilidad de la estrategia de diseño dentro de la empresa.

Será necesario identificar a los principales agentes implicados en la toma de decisiones sobre la viabilidad de la estrategia de diseño dentro de la empresa, para ello se debe conocer en profundidad el organigrama de la empresa. Dentro de los grupos de interés se encuentran los directores de las unidades de negocio, el director de la compañía o los altos directivos, así como los expertos, los consultores o los legisladores.

Es trabajo del director de diseño el implicar a los principales grupos de interés dentro del proceso de diseño, con el fin de obtener su apoyo y su aprobación a la estrategia de diseño. Para que esto tenga éxito, se deben crear alianzas con los distintos grupos implicados, tanto fuera como dentro de la empresa, que deben estar gestionadas de forma coherente para así aunar las expectativas de todas las partes implicadas.

Por último, cuando se ha obtenido la conformidad de la empresa hacia la estrategia de diseño, gracias a los acuerdos entre todas las partes implicadas, lo que quedaría por hacer sería la **planificación del crecimiento a largo plazo**, es decir, la integración del diseño en la empresa. Para ello, la empresa debe mostrarse abierta a nuevas oportunidades y ser flexible ante las circunstancias cambiantes. Además, se debe crear un equipo de diseño de confianza que defienda activamente el empleo del diseño tanto dentro como fuera de la empresa y por último, debe mostrar el valor y las ventajas que aporta el diseño y basar la estrategia de diseño en proyectos de éxito para darle fuerza y legitimidad dentro de la empresa.

Para que la estrategia de diseño pueda adaptarse al entorno y a las circunstancias cambiantes, esta debe ser flexible y crecer a largo plazo. Es trabajo del director de diseño garantizar su expansión para que esta pueda evolucionar cuando aumente su éxito dentro de la empresa.

Una vez se han realizado la contextualización del nivel estratégico de la gestión, se procede a mencionar algunas de las habilidades clave que son necesarias para llevar a cabo esta fase con éxito, y que debería poseer, mejorar o entrenar todo director o líder de diseño.

Primeramente, y como habilidad esencial, un director de diseño debe tener la habilidad de gestionar las relaciones con los clientes. Una buena relación con los clientes aumenta la eficacia del proceso. Como dijo Peter Ducker "sólo existe una definición válida del objetivo de una empresa: crear clientes, puesto qué los clientes son la base de su existencia y de su negocio".

En segundo lugar, el director del diseño debe poseer la habilidad de guiar correctamente las decisiones sobre el diseño, es decir, debe ser capaz de comunicarse con los clientes y transmitirles las necesidades y tendencias actuales de diseño, de manera que las decisiones que tomen acerca del proceso de diseño sean las adecuadas.

Además de esto, un buen director de diseño o gestor de equipos de diseño debe ser capaz de entablar buenas relaciones laborales, así como hacer que esas relaciones laborales entre los miembros de su equipo sean las mejores posibles, a fin de crear un ambiente de trabajo propicio para el desarrollo de la creatividad, la innovación y el trabajo en equipo.

Por último, otra habilidad clave en esta fase de la gestión del diseño es la comunicación verbal, ya que esta determina el modo en el que las personas se relacionan con los demás. Los directores de diseño deben ser capaces de comunicar sus decisiones tanto a los miembros de su equipo como a sus clientes.

Estas habilidades comunicativas se basan tanto en el deseo de comunicar eficazmente como en el deseo de comprender a los demás y de hacerse entender. Dentro de estas habilidades comunicativas cabría mencionar que se puede diferenciar entre las habilidades interpersonales, las habilidades de negociación y las habilidades de presentación.

7.2.2. Gestión del proceso de diseño (Nivel táctico)

En esta fase de la gestión del diseño es en la que se desarrollan los proyectos y programas de diseño, donde lo más importante es demostrar de qué manera la estrategia empresarial antes acordada puede hacerse visible y tangible mediante el diseño. En este nivel, mediante la gestión del diseño se crea la presencia y experiencia de la empresa, y se influye en la manera en la que se expresa y se percibe tanto la empresa como su marca.

De la misma forma que en el nivel de gestión anterior, se van a proceder a ir viendo los diferentes retos que se dan dentro de este nivel táctico para llegar a cumplir los objetivos marcados a través del diseño.

En primer lugar, se debe **ver cómo dar forma a la estrategia empresarial**, es decir, ver cómo hacerla tangible a través de los diseños de la empresa. El diseño participa activamente en tres áreas de la empresa, en el ámbito de la estrategia corporativa (expresando la visión, valores y creencias de la empresa), en las unidades de negocio (ayudando a cumplir sus objetivos) y en el área operativa (estando presente en operaciones diarias de reajuste de los procesos de desarrollo de productos y servicios).

Es por esta importancia tangible que tienen los proyectos de diseño, que añaden valor y crean ventaja competitiva, que se debe llevar a cabo para materializar correctamente el diseño una declaración oficial de intenciones o briefing. Se conoce como briefing del cliente, ya que este es el responsable de redactarlo describiendo el objetivo de la empresa, la oportunidad de mercado identificada, el presupuesto, la duración y los plazos principales. Aclarando además las necesidades del cliente y estableciendo los parámetros de diseño.

Posteriormente a esta declaración de intenciones oficial, se pasa a redactar el briefing de diseño, que está redactado por el director de diseño. En este briefing se incluye tanto el punto de vista del diseño como el del cliente y se detalla la manera en la que se colaborará entre estas dos partes implicadas en el diseño. Se considera la respuesta creativa al briefing del cliente, en la que quedan recogidos los conocimientos, habilidades y experiencias del equipo de diseño, así como los objetivos estratégicos del proyecto y su viabilidad empresarial.

Otro de los puntos importantes de este nivel de gestión del diseño es el de **concienciar con el diseño,** tanto dentro como fuera de la empresa. El director de diseño tiene la necesidad de concienciar al resto de la organización sobre la importancia que tiene el diseño, con la finalidad de poder ampliar su equipo de diseño, o bien aumentar la influencia que tiene sobre las decisiones estratégicas de la empresa.

Para promover el empleo del diseño y crear una mayor concienciación sobre los temas centrados en el consumidor, para incrementar la presencia del diseño en una empresa, es necesario que se conozcan las motivaciones de todas las partes implicadas, siendo esto trabajo del gestor o líder de diseño.

Se suele mencionar esta creación de conciencia sobre la importancia del diseño como uno de los atributos claves del director de diseño, dejando ver que existen dos interpretaciones sobre este concepto. La primera es que la concienciación hace referencia al hecho de que el director de diseño posee la capacidad de juzgar temas estéticos y otros temas relacionados con el diseño a fin de evaluar los beneficios de un servicio para el mercado previsto. Mientras que la segunda es que la concienciación consiste en comprender la naturaleza de la actividad de innovación y diseño y su valor para incrementar la eficiencia de la empresa. Ambas formas de crear conciencia son necesarias si un director de diseño desea realizar un empleo efectivo de la innovación y el diseño.

Además de concienciar con el diseño, otro de los principales retos que se tienen a la hora de hacer visible la estrategia empresarial a través del diseño es la **expresar la marca a través del diseño.** Se debe aclarar que el significado de una marca no se encuentra en el logotipo de la empresa, ni en sus productos ni servicios, sino en la impronta de la marca en la mente de los consumidores.

Sin embargo, las marcas se manifiestan a través de los productos, servicios, lugares y experiencias de una empresa. Por lo que mediante el diseño se le puede añadir valor a la marca comunicándola, gestionando su identidad y haciendo que sea visible y tangible a la vez a través de los puntos de contacto que tiene el diseño con los consumidores (los propios diseños, las tiendas, oficinas, material publicitario, etc.). El acto de traducir la marca y sus valores en productos, servicios, espacios y experiencias tangibles e intangibles es el proceso de expresión de la marca.

Con estos retos marcados y claros en el equipo de diseño, se pasaría al **inicio de un proyecto de diseño.** Es labor del director o gestor del diseño el concienciar a las partes interesadas sobre la importancia del diseño, así como de explicar los métodos y procesos para la resolución de problemas que ofrece el diseño.

Los métodos de diseño ayudan a desarrollar una relación de confianza entre el cliente (la empresa) y el equipo de diseño, porque permite a los miembros de ambas partes explorar de una manera poco estructurada, pero muy atractiva, los retos presentados por un briefing o proyecto. Así mismo, los métodos de diseño ayudan a definir las tareas del equipo de diseño, los procesos que se deben aplicar y los resultados previstos. Algunos ejemplos de estos métodos pueden ser las tarjetas de IDEO o el mapa de los problemas de la sostenibilidad.

Además de los métodos de diseño, hay que hacer mención en este nivel a los procesos de diseño, estos reflejan los pasos que siguen los diseñadores cuando trabajan en un problema. Definen y desarrollan un mejor entendimiento del problema, lo conceptualizan, esbozan una solución y por último lo prueban o implantan.

Suelen caracterizarse por no ser lineales, ya que tienen muchos bucles internos derivados del carácter iterativo que tiene el propio diseño, dado que tiene en cuenta la información obtenida en cada una de las fases del proceso. Tienen la capacidad de adaptarse, formalizarse y personalizarse para así poder ajustarse a las necesidades de un cliente o de un proyecto en concreto.

Para conseguir superar y cumplir con los retos de esta fase de gestión del diseño, algunas de las habilidades claves que debe poseer el gestor del diseño o los diseñadores que formen parte del equipo serían por ejemplo la gestión de equipos creativos para así obtener el máximo provecho de los miembros del equipo. Para ello se necesita de buenas habilidades de comunicación, delegación y liderazgo.

Es labor del gestor del diseño saber gestionar el trabajo en equipo para que así se aprovechen al máximo las habilidades de cada uno y se mejoren los resultados de los equipos. Además, el líder de diseño debe ser capaz de marcar una estructura o guía para los equipos de diseño y de poder transmitirla a todos y ser ejemplo a través del liderazgo. Se debe desarrollar dentro de los equipos de diseño una cultura de cooperación.

Finalmente, otra de las habilidades a fomentar dentro de los diseñadores en este nivel de gestión es la comunicación visual, es decir, la habilidad para representar visualmente las ideas. Es algo fundamental para que los equipos puedan comunicarse con los clientes y así alcanzar el éxito en el proceso de diseño. Para ello los diseñadores deben ser capaces de realizar mapas mentales, que son representaciones no lineales de palabras, imágenes y colores abstractos que facilitan el flujo de ideas mediante su organización y asociación. Además, los buenos directores de diseño deben ser capaces de generar un pensamiento de cerebro completo, es decir, deben ser capaces de ver las cosas tanto desde la perspectiva del diseño (más estética y formal) como desde la perspectiva de la empresa (más racional).

Es importante saber aplicar diferentes enfoques y desarrollar los procesos de pensamiento de cerebro completo a fin de mejorar los procesos de toma de decisiones.

7.2.3. Gestión de la implantación del diseño (Nivel operativo)

En esta fase es en la que se implantan los proyectos de diseño. Lo importante y relevante de este nivel es el proceso y la práctica de gestión de los proyectos. Una vez finalizado un proyecto, su implantación puede implicar varias fases de gestión del diseño, como la confección de directrices y manuales para el mantenimiento del diseño, o para su lanzamiento en el mercado global. En esta fase, el diseño se centra en gestionar las agendas, los proyectos y las posibilidades de trabajo.

En este punto, la gestión del diseño o del proyecto consisten en traducir en un resultado definitivo las estrategias y los procesos de diseño que se han llevado a cabo en las dos fases anteriores. Esto implica que hay que planificar y coordinar a las personas, los grupos de interés y los recursos necesarios para finalizar el proyecto en tiempo y con el presupuesto previsto. Se deben responder preguntas tales como cuál es el alcance del proyecto, qué actividades, recursos y tareas se necesitan llevar a cabo, qué tiempo y recursos se necesita asignar para cada una de las fases, etc.

Identificar todas estas necesidades es lo que constituye los cimientos de una buena gestión del proyecto. El objetivo primordial será el de conseguir los mejores resultados posibles dentro del plazo y el presupuesto establecidos, así como mantener una buena relación del trabajo durante todo el proceso.

Se debe abordar en esta fase como reto principal la **planificación del proyecto**. Se puede decir que la planificación del proyecto, en términos generales, se divide en cinco áreas de actividad principales:

- En primer lugar, el director de diseño debe asegurarse de que los equipos, tanto del cliente como de diseño, comprenden y aceptan el briefing del proyecto y su resultado. Se debe desglosar el briefing en fases manejables para trabajar. Es trabajo del director de diseño el asegurarse de que la metodología, el proceso, el desarrollo y la implantación del diseño siguen la secuencia correspondiente.

- En segundo lugar, el director de diseño debe desglosar en tareas y actividades lo que se va a llevar a cabo en cada una de las fases el proyecto, priorizarlas y calcular el tiempo necesario para realizar cada una de ellas.

Se debe también identificar si existen relaciones entre las diferentes tareas y determinar cuáles son precedentes para una nueva actividad, para así evitar posibles retrasos en fases posteriores del proyecto.

- En tercer lugar, debe identificarse los papeles, responsabilidades, vías de comunicación y procedimientos de gestión. Se debe crear el equipo del proyecto y asegurarse de que cada uno de los miembros del equipo es consciente de sus responsabilidades.

- En cuarto lugar, el director de diseño debe identificar posibles recursos adicionales u otros factores necesarios en la realización del proyecto. Además, se deben identificar los hitos claves para el proyecto, como son los plazos, las revisiones y las presentaciones o entregas. Mediante estos hitos es fácil evaluar la progresión del proyecto frente a la planificación prevista.

- Por último, es trabajo del director del proyecto crear un archivo para el proyecto y asegurarse de que todo el equipo comprende el flujo de información, documentación, ficheros y administración del trabajo. Además, el director debe mediar en todas las decisiones, así como ofrecer liderazgo y orientación y tomar decisiones con conocimiento de causa en cada una de las fases claves. Todos los miembros implicados en el proyecto deben entender sus funciones y responsabilidades y cómo estas encajan en el plan general del proyecto.

Para llevar a cabo esta fase de la gestión del diseño, las habilidades claves que necesitan estar presentes en el director de diseño son el management y el liderazgo. El management del diseño consiste en presentar buenas soluciones de diseño de una forma efectiva y rentable, mientras que el liderazgo del diseño ayuda a las empresas a visualizar su futuro y a garantizar que el diseño convierta su visión en realidad.

El management o gestión se ocupa de las operaciones diarias y se delega en personas que saben cómo realizar el trabajo y entregarlo en tiempo cumpliendo con los objetivos, el presupuesto y las especificaciones.

El liderazgo, sin embargo, consiste en establecer y promover una visión a largo plazo. Un líder es aquel que es capaz de explicar el modo en que los objetivos a largo plazo pueden beneficiar a las unidades de negocio. Tiende a motivar más al equipo y a lograr una mayor colaboración.

Una vez vistos los diferentes niveles o fases de gestión del diseño y quedando reflejadas las tareas que se deben llevar a cabo en cada una de las fases, así como las habilidades claves que deben ser requisito indispensable en los líderes o gestores de diseño, se pasará a ver cómo puede la neurociencia cognitiva ayudar a mejorar esas habilidades o cómo se le puede dar el enfoque neurocientífico a la gestión del diseño.

7.3.   Neuromanagement y Neuroliderazgo

El concepto de neuromanagement fue introducido por primera vez por Ma Qingguo, definiéndolo como una integración de conocimientos de diferentes disciplinas como la neurociencia, la psicología y el management que se encargan de analizar y estudiar en profundidad los problemas de la gestión económica [47].

Se considera un campo de estudio que tiene como finalidad la aplicación de la neurociencia a la dirección de empresas, tratando de optimizar al máximo el funcionamiento del talento humano a través de entrenar y mejorar el potencial del cerebro.

Los principales campos de acción, estudio e investigación del neuromanagement son la neurociencia, la toma de decisiones, la neuroeconomía, el neuromarketing y la neurosociología, entre otros. Estos campos de estudio se aplican a investigaciones del campo de las finanzas, la ingeniería industrial y el uso de la tecnología de la información [48].

Este concepto proporciona una nueva forma de analizar la información y de gestionar los problemas a través del uso de los nuevos avances tecnológicos asociados a la neurociencia. En el campo de la gestión del diseño o de las empresas, la información puede provenir de diferentes fuentes, como puede ser la industria en la que se mueve la organización, la propia empresa o un individuo concreto, por ello la posibilidad de medir el cerebro humano a través de las herramientas neurocientíficas, aporta una ampliación de las posibles fuentes de información existentes y genera un nuevo espacio para el desarrollo y la investigación en el campo de la gestión.

Uno de los principales problemas o dificultades en este campo ha sido la complejidad a la hora de medir la información asociada a los factores o procesos de control de las personas, por tratarse de factores con un alto carácter subjetivo. A través del estudio neurocientífico del cerebro humano y de las mediciones cuantitativas de los factores subjetivos, se puede realizar un mapeo de los resultados de la actividad cerebral y cómo afectan dichos factores al comportamiento de las personas. Estos avances en el análisis de la actividad cerebral han supuesto un gran avance en la investigación cuantitativa de las ciencias de la gestión.

A través del aprovechamiento del potencial del cerebro humano, se accede a un mundo de posibilidades inexploradas de mejora de las competencias laborales, desde potenciar la toma de decisiones asertivas, controlar las emociones o utilizar los sentidos para percibir el entorno y entender de qué manera poder usarlo para mejorar el funcionamiento de las organizaciones [49].

Para Sutil [50], se entiende el neuromanagement como una estrategia que se basa en la aplicación de ciertas técnicas propias de la neurociencia en el ámbito de la gestión de empresas, involucrando el análisis de factores como la emoción, los sentimientos y la memoria causados al reaccionar a estímulos externos, con el fin de obtener datos sobre la reacción tanto del cliente externo como del cliente interno, para así aplicar los datos con el propósito de mejorar la gestión de recursos financieros, humanos, técnicos y tecnológicos.

Ligado a este concepto del neuromanagement, algunos autores, como Braidot [51], consideran necesario introducir el término de neuroliderazgo, por tratarse de conceptos que tienen una fuerte interrelación. Para el autor se entiende el neuroliderazgo como la capacidad que tienen las personas para evaluar diversas alternativas en busca de tomar la mejor decisión posible en determinadas circunstancias. Para ello se requiere un amplio desarrollo de las capacidades cerebrales con el fin de identificar a las personas más cualificadas y así establecer equipos de trabajo efectivos; en otras palabras, se trata de la motivación proactiva hacia la gestión en función de la actividad cerebral.

Para numerosos autores el modelo de management tradicional ha ido quedándose obsoleto con el paso de los años, ya que conforme se ha ido avanzando en el conocimiento de cómo influyen los procesos cognitivos y las emociones en la toma de decisiones se han detectado ciertos aspectos que el modelo tradicional no cubre.

En primer lugar, el modelo de gestión tradicional, no tiene en cuenta en ningún momento los procesos neurológicos en la toma de decisiones ni emplea el desarrollo de la inteligencia personal, la inteligencia organizacional ni la gestión de las personas [52]. No entiende la toma de decisiones como un proceso mental y cognitivo presente en la selección de una opción entre varios escenarios alternativos [53].

Además, el modelo tradicional de gestión se enfoca en realizar de una manera más racional las actividades de organización (recursos, costes, beneficios, tiempos, etc.) buscando la objetividad funcional a la hora de tomar decisiones. Sin embargo, el modelo del neuromanagement busca ampliar ese pensamiento racional hacia un pensamiento sistémico, estratégico y creativo que añada la relevancia de las experiencias emocionales a la hora de gestionar el conocimiento.

La gestión tradicional está muy enfocada en la obtención de resultados a través de un modelo jerarquizado que se centra en la especialización técnica y en las tareas individualizadas, generando un entorno que es poco participativo [54]. En contraposición de este enfoque, el neuromanagement surge como un modelo que es altamente proactivo, que cuenta con una estructura dinámica, que se centra en el liderazgo para dirigir la gestión de grupos de trabajo y así alcanzar los objetivos marcados por la empresa.

La importancia del liderazgo individual es un concepto propio del neuroplanning, se centra en potenciar el poder de la mente a través de un buen entrenamiento cognitivo, lo que permite a la persona a barajar gran número de escenarios posibles y tomar la decisión correcta entre el gran abanico de opciones [52].

El liderazgo es algo que debe estar presente en cualquier persona que sea responsable de un equipo de trabajo y los tenga que gestionar, además de esta cualidad, el modelo del neuromanagement dice que un gerente de equipo debe tener otra serie de cualidades para conseguir llegar a un nivel adecuado de inteligencia emocional, como son el autoconocimiento, el autocontrol y la automotivación [55] [56].

Si se analiza el liderazgo desde la neurociencia, se ve que afecta directamente a las emociones ligadas con la inspiración, la pasión o el entusiasmo, características que se consideran que deben poseer y transmitir los líderes a sus trabajadores de manera que estos se sientan comprometidos con la empresa y con los objetivos marcados [57].

Según la Escuela de Negocios Internacional Cerem [58], a través del neuromanagement es posible el estudio de los atributos tanto intelectuales como emocionales relacionados directamente con la dirección y gestión de las organizaciones mediante técnicas y conocimientos procedentes del ámbito del marketing y del liderazgo combinadas con los conocimientos propios de la psicología y la neurociencia. En Cerem defienden que a través del neuromanagement se consigue ejercitar el cerebro de los directivos o diseñadores de las empresas para así realizar de forma apropiada la toma de decisiones, es por ello que hablan de neurolíderes [58].

Con este nuevo enfoque de gestión organizacional lo que se busca es considerar a las empresas como entidades indivisibles y dinámicas que se compone de elementos que están relacionados entre sí. Se considera que el caos es uno de esos elementos necesarios para que se garantice la supervivencia de la organización, puesto que asumen que es la manera de adaptarse a los cambios en su entorno, se debe incluir la incertidumbre como algo natural para así disipar el miedo existente en otros modelos de gestión a lo desconocido [59].

A partir de los textos de autores como Montilla, Zárate, Sutil y Braidot (entre otros), se puede apreciar que todos ellos coinciden en que el perfil de un líder para la gestión de equipos de trabajo y que busque afianzar las estrategias de la compañía debe tener cinco cualidades básicas de vital importancia a la hora de la toma de decisiones y que se consideran esenciales en el modelo de neuromanagement [59]. Estas cualidades son:

- Experiencia: Es necesario que el líder tenga habilidades que hayan sido obtenidas previamente para poder encontrar las soluciones oportunas a cada problema que se presente, buscando siempre mantener o mejorar la fortaleza de la organización y la presencia de colaboradores que estén en sintonía con la filosofía de la empresa. Se necesita en este modelo de neuromanagement la presencia de innovación, inventiva y creatividad a la hora de tomar decisiones y dar soluciones que le den a la empresa o al diseño en una ventaja competitiva.

- Buen juicio: Esta es una cualidad que va de la mano de la experiencia. La capacidad de discernimiento, junto con la asertividad y la capacidad de analizar diversas alternativas son imprescindibles en la figura del líder. Para ello se necesitan unos amplios criterios racionales y morales para discernir entre lo correcto y lo incorrecto para la empresa.

- Intuición: Se trata de la capacidad para comprender de forma inmediata el problema y todo su contexto para así poder visualizar las posibles soluciones rápidamente en base a los conocimientos y los presentimientos del líder. Esta cualidad va de la mano de un alto desarrollo del pensamiento divergente para poder actuar al instante de forma acertada, algo que no se adquiere únicamente con la experiencia.

- Creatividad: Es una cualidad que trabaja en paralelo con la innovación necesaria para convertir las ideas y los conceptos en productos, procesos o servicios, ya sean nuevos o mejoras de los ya existentes en el mercado, de manera que generen un valor que pueda ser reconocido por los consumidores. Es muy necesario a la hora de dar soluciones anticipándose a las necesidades de los usuarios con el fin de buscar su fidelización con la marca, para ello la gestión debe ser creativa e innovadora. Esto permite que las soluciones aportadas por el líder no sean convencionales y se salgan de la rutina y lo tradicional, aportando variedad y valor a la organización.

- Hechos: Esta cualidad lleva implícita la capacidad de tener un amplio conocimiento para llevar a la práctica todos los objetivos de la empresa y tomar decisiones de forma autónoma. Dentro del proceso de toma de decisiones se incluye un conocimiento y visualización del alcance (tanto a corto, medio y largo plazo) de dichas decisiones, por lo tanto, el líder de los equipos debe ser capaz de evaluar el alcance de las decisiones dentro de todos los posibles escenarios en los que se mueva la empresa. En este proceso entra en juego la experiencia, el buen juicio, la intuición y la creatividad, pero también es esencial tener un amplio conocimiento de toda la empresa para diseñar y llevar a la práctica las soluciones de modo que se potencie al máximo la organización.

A la vista de estas cualidades que deben estar presentes entre las habilidades de los neurolíderes, se puede corroborar el pensamiento de Braidot de que el neuroliderazgo no se vincula únicamente en los factores intelectuales y emocionales presentes en la toma de decisiones, sino que también estudia la capacidad de resolver problemas, el funcionamiento y la gestión de equipos de trabajo, así como los procesos de aprendizaje tanto individual como organizacional, los procesos motivacionales o los factores clave en la creatividad y la innovación [61] [62].

Se podría considerar, por tanto, que el neuroliderazgo se cimienta en desarrollar las capacidades del cerebro de los neurolíderes, más que en el simple aprendizaje de modelos de gestión o de liderazgo en lo que se basaban los métodos tradicionales. Se podría considerar que los verdaderos líderes son aquellos que tienen el cerebro preparado o entrenado para tomar las decisiones correctas al instante, sin tener el tiempo para trazar diferentes escenarios y estudiar el caso o aplicar soluciones aprendidas, sino que dada la alta velocidad actual de las circunstancias deben ser capaces de dar la solución sobre la marcha [63].

Esta importancia manifiesta de la toma de decisiones al instante, basadas en la experiencia y en el aprendizaje, hace necesario que se ahonde en conceptos como el neuroaprendizaje y la neuroplasticidad cerebral para comprender mejor los procesos que sufre el cerebro de los líderes de equipos.

7.4. Neuroplasticidad y Neuroaprendizaje

Todas las experiencias que suceden durante el proceso de organización y gestión de las empresas o del diseño dentro del equipo directivo o de trabajo son captadas por el cerebro en forma de señal eléctrica, que da paso a un sistema de interconexión dentro del cerebro de las personas para su procesamiento, estas experiencias le dan la capacidad al cerebro de remodelarse, reorganizarse y reestructurarse. A este fenómeno que sufre el cerebro en el que a partir de las experiencias y vivencias se moldea de nuevo se conoce como neuroplasticidad.

Se entiende este concepto como la habilidad que tiene el cerebro para modificar y alterar su propia estructura como consecuencia de las experiencias, vivencias y pensamientos del sujeto [61].

La capacidad del cerebro para modificar su estructura está supeditada a la habilidad biológica que tiene para crear nuevas sinapsis y nuevas células, así como la posibilidad de reducir el número de conexiones entre neuronas en función de las necesidades o requerimientos del individuo. Se trata de una capacidad innata que juega un papel primordial a la hora de que el individuo se adapte a los cambios en su entorno, adquiera nuevos hábitos, aprenda nuevas conductas o formas de pensar y cambie su percepción del mundo [64].

Las experiencias a las que se someten las personas son las que van remodelando su cerebro, dándole forma y tamaño, configurando el número de neuronas y de conexiones sinápticas entre ellas, de manera que se generan diferentes circuitos neuronales asociados a las experiencias repetitivas o a las relaciones sociales del sujeto. Esto quiere decir, que todos los estímulos o emociones, ya sean positivas o negativas, a las que se someten las personas acaban por remodelar sus circuitos neuronales, que irán variando en función del entorno [64] [65].

Este fenómeno de la neuroplasticidad neuronal se considera la base estructural del proceso de aprendizaje debido a la capacidad del cerebro de adaptarse a los cambios a través de la reorganización o creación de conexiones sinápticas basado en las experiencias o estímulos externos. Esto hace que sea necesario abordar el concepto del neuroaprendizaje para completar los conocimientos en este ámbito [66].

Se entiende el neuroaprendizaje como la unión de herramientas de diversas ciencias como son la pedagogía, neurobiología, psicología, etc., que se centra en estudiar el cerebro humano como órgano motor del aprendizaje, teniendo en consideración no solo su morfología sino su funcionalidad y su plasticidad, factores que hacen posibles los procesos del aprendizaje de las personas.

Braidot [65] hace una distinción de los aportes más relevantes del neuroaprendizaje, son procesos que son más susceptibles de influir en la gestión del liderazgo al poder intervenir el individuo más activamente. Los tres aportes para el autor son el aprendizaje por asociación, el aprendizaje por experiencia y la capacidad de atención.

- Aprendizaje por asociación: Se considera la manera más común para aprender de los seres humanos. Consiste en que para generar aprendizaje se debe hacer una relación entre el nuevo conocimiento que se quiere aprender con un conocimiento que ya exista previamente.

  Para establecer nuevos circuitos o redes neuronales es más fácil hacerlo con la ayuda o influencia de otros circuitos ya existentes, buscando asociarlos para generar el nuevo circuito sobre la base del ya creado.

  Al partir de algo ya aprendido, el cerebro aprende más fácilmente algo nuevo, creando las conexiones sinápticas de forma que se agreguen a las conexiones previamente existentes con las que tengan relación.

- Aprendizaje por experiencia: En este caso se considera que la experiencia es la manera más efectiva de generar los cambios neurológicos propios del aprendizaje. La información que se obtiene a través de una experiencia sensorial tiene un mayor impacto y entra en la memoria de manera más fuerte que toda aquella información que se haya obtenido a través de un proceso meramente intelectual.

  Esto es debido a que la memoria a largo plazo se puede dividir, según numerosos estudios, en memoria semántica y memoria episódica. Todo aquello que se vincule con la información obtenida a través de medios intelectuales, con poco aparte de los sentidos, se almacena en la memoria semántica. Mientras que en la memoria episódica la información vinculada es toda aquella obtenida a través de vivencias o experiencias, que tienen alto contenido cognitivo y se relacionan con un entorno de experiencia.

La justificación de este tipo de aprendizaje a través de vivencias reside en que se tiene la creencia de que la experiencia enriquece el cerebro y fortalece las conexiones sinápticas creadas, haciéndolas más duraderas que las creadas de forma intelectual [67].

- Capacidad de atención: Este aporte sugiere que una persona puede focalizar su atención sobre un evento concreto, lo que se encuentra íntimamente relacionado con la habilidad que tiene el individuo a la hora de tomar decisiones o resolver problemas. Esto hace que una adecuada densidad de atención sea capaz de modelar el cerebro de la persona y reforzar así los circuitos neuronales que forman parte en las estructuras del cerebro relacionadas con la modulación de las emociones [65].

  Algunas de estas estructuras están situadas en la corteza pre-frontal del cerebro, y están implicadas en los procesos de planificación, resolución de problemas, toma de decisiones, etc., de modo que a mayor concentración se aumentaría la densidad de atención del individuo.

  Por lo tanto, un buen líder tiene que tener la capacidad de enfocar su atención y a la vez inducir a otras personas a que enfoquen su atención con intensidad y frecuencia en las ideas y conceptos específicos implicados en los procesos de toma de decisiones y resolución de problemas de diseño de la organización.

Se considera, a la luz de los procesos de neuroaprendizaje mencionados, al líder como el responsable principal de crear las condiciones propicias para desarrollar los procesos cognitivos y las funciones del cerebro, de modo que todos aquellos que forman parte del equipo puedan llegar a alcanzar o a aprender las competencias necesarias para satisfacer los objetivos de la organización.

Uno de los entornos que los neurolíderes deben propiciar en el equipo son los ambientes colaborativos, puesto que se ha demostrado que tienen intrínsecos una alta capacidad para generar competencias en las personas a través de los dos aportes de aprendizaje comentados, modelo asociativo y modelo experiencial.

La capacidad que tienen aquellos que ponen en práctica el neuroliderazgo, es la de provocar en su equipo de trabajo el proceso de focalizar la atención en los problemas concretos de la organización, de manera que se genere en todo el equipo el cambio, a nivel cerebral, necesario para llegar a solucionar los problemas con su consecuente remodelación, reestructuración y reorganización del cerebro de todo el equipo de trabajo, esto es lo que se conoce como neuroplasticidad autodirigida en la gestión [66].

7.5. Técnicas, modelos y herramientas asociadas a la neurogestión

Para completar la aproximación a la neurociencia aplicada a la gestión de empresas, se van a presentar algunas de las técnicas o modelos que tienen relación o aplicación en la neurogestión, permitiendo comprender mejor las relaciones mentales que se llevan a cabo en el cerebro de los gestores del diseño.

7.5.1. Modelo SCARF

El modelo SCARF se ha convertido en un modelo muy popular para mejorar el pensamiento y el rendimiento tanto de los líderes de equipo a nivel individual como el de los equipos completos. Los gerentes de proyecto pueden aplicar este modelo a la hora de buscar la mejora del entorno de trabajo, del compromiso de los equipos o las habilidades de liderazgo.

El modelo se centra en estudiar 5 componentes o dominios que activan los circuitos de amenaza primaria o la recompensa primaria del cerebro humano. Estos dominios son los siguientes:

- Estatus (Status): La manera en que una persona percibe su estatus puede afectar sus procesos mentales. Cualquier amenaza al estatus en forma de retroalimentación, puede evolucionar en un cambio de comportamiento que no sea el deseado.

- Certeza (Certainty): El cerebro humano se encuentra preparado para reconocer patrones e intentar con ellos predecir constantemente el futuro. Cualquier sensación de incertidumbre puede afectar de manera negativa al cerebro, que puede tratar de arreglar los efectos o errores asociados a esa incertidumbre.

- Autonomía (Autonomy): Cualquier tipo de amenaza en la autonomía de los individuos puede reducir notablemente la habilidad de generar resultados. Por lo general las empresas suelen tener ciertos problemas en permitir la autonomía de los trabajadores, pero se ha probado que generar una percepción de autonomía mejorada beneficia el rendimiento individual.

- Afinidad (Relatedness): Se refiere al sentimiento de pertenencia dentro o fuera de un grupo. Por lo general, el cerebro genera una respuesta amenazante si se encuentra en situaciones de interacción social adversa, afectando así a las mismas zonas del cerebro que se ven afectadas por el dolor físico.

- Justicia (Fairness): Por lo general, las situaciones o intercambios injustos generan una respuesta negativa o de amenaza en el cerebro. Esto puede evitarse o disminuirse tratando de mejorar la transparencia y la comunicación.

Este modelo puede usarse como una guía para evaluar las prácticas de gestión existentes y propuestas y si desencadenan una respuesta de "recompensa primaria" o "amenaza primaria" en el cerebro [68] [69]

7.5.2. Toma de decisiones

Dentro de las organizaciones y de los procesos de diseño y desarrollo del producto la toma de decisiones juega un papel de gran relevancia, elegir entre varias opciones a priori puede parecer una tarea sencilla, sin embargo, a veces se convierte en una preocupación importante con una resolución compleja.

Durante la toma de decisiones se involucran un gran número de procesos cognitivos, como son el procesamiento de los estímulos de las tareas, el recuerdo de las experiencias pasadas o la estimación de las posibles consecuencias asociadas a las diferentes opciones.

Hace años se entendía la toma de decisiones como un proceso racional basado en comparar pérdidas y ganancias para decidir la elección correcta, sin embargo, con el paso del tiempo se ha empezado a considerar que dentro del proceso pueden influir aspectos emocionales que están ligados a experiencias de situaciones parecidas, de manera que las emociones guían la toma de decisiones.

El modelo neurocognitivo de la toma de decisiones que se va a desarrollar es la hipótesis del marcador somático, para así tratar de entender mejor este proceso central en las actividades gerenciales.

La hipótesis del marcador somático fue desarrollada por Damasio [70] y se encarga de describir el papel que tiene la emoción en el proceso de toma de decisiones. Se entiende un marcador somático como un cambio corporal que se refleja en un estado emocional, ya sea positivo o negativo, y que puede influir en las decisiones que se tomen en ese momento determinado.

La respuesta emocional ante las posibles consecuencias de una elección es la reacción subjetiva y somática de las personas ante el acontecimiento de dilucidar entre los efectos positivos o negativos de una decisión. Cuando esa reacción se asocia a una situación o a un conjunto de estímulos, puede influir de forma consciente o inconsciente en su conducta futura, convirtiéndose en un marcador somático.

Estos marcadores pueden proporcionar las señales inconscientes que ayudan y facilitan la toma de decisiones, entendiendo estas señales como cambios vegetativos, musculares, neuroendocrinos o neurofisiológicos. Aparecen incluso antes de que el propio individuo pueda ser capaz de explicar por qué tomó la decisión o qué estrategia ha usado para tomar la decisión.

Se puede decir que los marcadores apoyan los procesos cognitivos, permitiendo conductas sociales que contribuyen a la toma de decisiones ventajosas y facilitando la representación de escenarios futuros en la memoria de trabajo. Si por el contrario se tuviese ausencia, alteración o debilitamiento de estos marcadores somáticos eso conduce a tomar decisiones inadecuadas o desventajosas [71]

La importancia de este proceso de toma de decisiones basándose en la respuesta emocional o en los marcadores somáticos reside en que, a veces, los líderes o los gestores del diseño se encuentran en una posición en la que es necesario realizar una decisión sobre el proyecto de manera instantánea y deben ser capaces de realizar la elección adecuada entre las diferentes opciones que se tienen.

Sin embargo, cabría destacar que la toma de decisiones, aunque se haya prestado especial atención a su componente emocional incorporado por Damasio [70], no deja de tener un componente racional, en función del tipo de decisiones que se tenga que tomar. Si se trata de una elección que es necesario hacer de manera inmediata y sin poder emplear los mecanismos racionales encargados de comparar todas las opciones y hacer un estudio pormenorizado de las ventajas de cada una, es cuando entra en juego la respuesta emocional y la necesidad de emplear los procesos cognitivos asociados a los marcadores somáticos. En el momento en el que se puede tomar la decisión de una manera pausada o sin necesidad de la inmediatez es cuando el gestor del diseño puede poner en práctica sus dotes racionales para tomar la decisión sin la total intervención de las emociones.

Por lo tanto, se podría decir que los líderes o gestores del diseño deben ser capaces de realizar las decisiones adecuadas tanto de forma racional o de forma emocional, necesitando tanto la potenciación de esos marcadores somáticos como la capacidad analítica racional empleadas para la toma de decisiones.

7.5.3. Neurofeedback

El neurofeedback consiste en la biorretroalimentación de las ondas cerebrales, para ellos, se sitúan unos electrodos en el cuero cabelludo del sujeto y a través del equipamiento de alta tecnología se obtiene a tiempo real la retroalimentación instantánea a través de audio e imagen de la activación de las ondas cerebrales. Lo que miden los electrodos y posteriormente se representa y graba en el equipo son los patrones eléctricos que son emitidos por el cerebro.

A nivel general, las personas no suelen tener una influencia precisa sobre sus ondas cerebrales como para poder trabajar en ellas o entenderlas, puesto que les falta consciencia sobre ellas, sin embargo, a través de la visualización de las mismas gracias a la pantalla del equipo de neurofeedback se empieza a tener la capacidad de cambiarlas o influir sobre ellas.

Gracias a esta consciencia de la actividad cerebral de mano del biofeedback se puede tratar de reacondicionar o reentrenar el cerebro progresivamente, empezando por cambios pequeños y de corta duración pero que van gradualmente volviéndose más duraderos.

Se comenzó a utilizar el neurofeeback para tratar de mejorar problemas del cerebro como derrames cerebrales, lesiones en la cabeza, déficit de atención, ansiedad, epilepsia, etc. sin embargo, la importancia en este trabajo es el uso que se le dio posteriormente, que residió en mejorar o potenciar el rendimiento máximo de individuos sin ningún tipo de enfermedad o lesión cerebral, enfocándolo a atletas o a los líderes o gestores de equipos para grandes organizaciones.

Lo primero que se debe realizar en este tipo de técnicas de entrenamiento a través del neurofeedback, es una evaluación del sujeto concreto de estudio, así como un tratamiento previo de sus ondas cerebrales para ajustar el tipo de entrenamiento que se adapte a sus necesidades concretas. Posteriormente, es cuando comienzan las sesiones de entrenamiento, en las que el usuario tiene conectados al menos dos electrodos en el cuero cabelludo y uno o dos más en el lóbulo de la oreja, y visualiza sus ondas cerebrales en la pantalla del equipo.

Las sesiones de entrenamiento están diseñadas para enseñar al sujeto a realizar pequeños cambios en los patrones de sus ondas cerebrales, y a través del entrenamiento continuado, el coaching y la práctica, estos nuevos patrones más saludables o de mayor rendimiento se vuelven permanentes para el sujeto [72].

7.5.4. Neuronas espejo

Las neuronas espejo son un tipo concreto de neuronas que sufren activación cuando un sujeto realiza una acción, pero también se activan cuando el sujeto observa otro individuo realizando una acción similar. El sistema de redes neuronales del que forman parte las neuronas espejo posibilita la percepción-ejecución-intención-emoción.

Basan su actividad en que sólo con observar los movimientos de otra persona se activan las mismas regiones específicas de la corteza motora del sujeto, como si fuese él mismo el que está realizando el movimiento y no fuese un mero observador.

Sin embargo, los estudios sobre este proceso no se quedan solo en la generación de un movimiento latente al observar un movimiento real, sino que se ha visto que el sistema integra en sus redes neuronales la percepción de las intenciones de los individuos a los que se observa, lo que está relacionado con la teoría de la mente y con la empatía.

Las neuronas espejo abrieron el campo en el que se podía entender la mente de otras personas, pero no solo a través del razonamiento conceptual como se hace con las neuronas especulares, sino directamente sintiendo las mismas emociones o captando las mismas intenciones, no a través del pensamiento y el raciocinio.

En el momento en que una persona realiza acciones, estas van acompañadas de las intenciones que han motivada la acción, así como de las emociones que la acompañan. Se generan circuitos neuronales que se encargan de articular esas acciones y que tienen asociados la intención que las activan y la emoción. Queda por tanto la intención-emoción asociada a acciones específicas, formando sistemas neuronales entre la acción-ejecución y la intención-emoción en los individuos. Cuando el sujeto observa a alguien realizar la acción específica se desencadena en su cerebro la acción equivalente y por tanto evoca a su vez la intención-emoción que esta tiene asociada.

La interpretación de las emociones desde la perspectiva de las neuronas espejo se fundamenta en que al observar a alguien emocionado se provoca una reacción en los sistemas neuronales sensoriales-motores de modo que el observador acaba generando una vivencia en su cerebro similar a la emoción, es decir, el observador siente y experimenta directamente el mismo estado emocional, ya que comparten el mismo mecanismo neural. Esto es lo que se conoce como empatía con las emociones de otros individuos. Existe, por tanto, una alta correlación entre la actividad de las neuronas espejo y la capacidad de tener empatía con otras personas.

Esta posibilidad de generar un reconocimiento o una interpretación de las emociones y de las intenciones de otras personas es algo que se considera un rasgo positivo a la hora de entender y gestionar de manera correcta un equipo, es decir, son características que un gestor del diseño o de un equipo de diseño debe conocer, para poder desempeñar de manera correcta las tareas tanto de líder como de diseño para entender mejor hacia quién va dirigido el producto que se está diseñando.

El fundamento del reconocimiento de las emociones de otras personas se basa en que al activarse las neuronas espejos, también lo hacen otras zonas del cerebro como es el sistema límbico, permitiendo que la persona sea capaz de reconocer los gestos de los demás mediante el acceso a sus recuerdos o a su aprendizaje previo, de manera que pueda crearse una relación entre el comportamiento de las personas y esos recuerdos para interpretarlos y darles un significado.

Además, esta interpretación de las emociones está íntimamente relacionada, tal como se ha mencionado anteriormente, con el fenómeno de la empatía, permitiendo no solamente reconocer lo que otros están sintiendo, sino que permite que el individuo se ponga en el lugar de los demás, experimentando así sus circunstancias.

Se podría asociar la activación de las neuronas espejos con la activación del aprendizaje por imitación o la empatía, siendo mayores estas cualidades de las personas cuanto mayor sea su activación de estas neuronas especializadas, esto lleva a pensar que dentro de las características que se buscan en un buen líder estará la capacidad que tenga este de activar las neuronas espejo de sus colaboradores, de manera que les sea más sencillo seguirle en el proceso de la toma de decisiones o en el compromiso con el trabajo. Es una forma de mejorar la atención y la comunicación entre el líder y el equipo de trabajo, favoreciendo activamente la resolución de conflictos o la atención personalizada. Deben ser capaces de transmitir de forma adecuada las emociones, orientando así, a través de la activación de las neuronas espejo, las decisiones de los demás [73] [74]

7.5.5. Programación Neurolingüística (PNL)

La programación neurolingüística surgió de una investigación que tenía como objetivo el comprender cómo se producían cambios en el comportamiento de las personas a través de la comunicación y el lenguaje.

Se centra en el análisis de la comunicación y de los procesos de cambio, estudiando la estructura de la experiencia subjetiva. Entendiendo la comunicación humana no sólo como las palabras, sino el conjunto que se crea entre las palabras, el tono y la expresión corporal.

En sus estudios, Serrat [75] define la PNL como un modelo de comunicación que se centra en interpretar lo que sucede en el entorno con el fin de mejorar la comunicación intrapersonal, evitar los pensamientos limitadores, solucionar conflictos internos y mejorar el autoconcepto. Además, busca también la mejora de las relaciones interpersonales, potenciando la empatía, descubriendo las creencias de los demás y practicando la asertividad.

El propio Serrat [75] desglosa el concepto PNL y explica cada uno de los términos:

- Programación: proceso de nuestro sistema sensorial para organizar sus representaciones generando estrategias operativas.

- Neuro: todo nuestro comportamiento se asocia a una actividad neurológica dentro de la persona.

- Lingüística: la actividad neurológica y las estrategias, se transmiten en la comunicación especialmente en el lenguaje.

Se puede definir, por tanto, la PNL como la ciencia que estudia el cómo los seres humanos interpretan subjetivamente la realidad y cómo a partir de modificar estas interpretaciones subjetivas, se puede modificar el comportamiento.

La manera en la que creamos estas representaciones internas y subjetivas es a través de nuestros cinco sentidos, además de nuestras creencias o valores. De esto se establece la relación directa existente entre la PNL y la percepción del mundo a través de los sentidos. Es necesario, por tanto, conocer el procesamiento que hace la mente para procesar las sensaciones para conseguir transformarlas en percepciones, lo que permite construir a partir de dichas percepciones los mapas de la realidad.

Como ya se ha dicho, los humanos perciben el mundo a través de los sentidos, la manera en la que lo percibe es a través de los sistemas representativos, que se pueden dividir en tres grupos:

- Sistema de representación sensorial visual

- Sistema de representación sensorial auditivo

- Sistema de representación sensorial kinestésico (que agrupa el olfato, el tacto y el gusto)

Cada una de estos sistemas de representación o modalidades, se puede dividir en submodalidades (como por ejemplo la modalidad visual que englobaría las submodalidades brillo, luminosidad, color, enfoque, etc.). La idea principal de la PNL, es que, si modificas una sola de estas submodalidades, se podría cambiar el significado de la experiencia, lo que nos aportaría un mejor manejo de nuestro cerebro.

La programación neurolingüística trabaja tratando de encontrar aquellas modalidades y submodalidades que más alteran el significado de la experiencia de cada sujeto, y una vez identificados, encontrar qué mecanismos se pueden usar para realizar el cambio en la representación interna del evento en concreto, y mantener ese cambio de manera permanente. A estos mecanismos es a lo que se conoce como técnicas de aplicación de la PNL.

La importancia de la PNL en la gestión de las empresas reside en que las organizaciones no son más que un grupo de personas, que tienen un comportamiento colectivo que influye a todos los individuos, y se puede decir que existe una psique colectiva o un comportamiento colectivo dentro de la empresa. Por tanto, la PNL puede tener ciertas aplicaciones a la hora de mejorar la eficacia o eficiencia empresarial.

Algunas de estas posibles aplicaciones de la PNL en las organizaciones son: la inducción de estados emocionales, el uso de valores, la fijación de objetivos, la comunicación, el liderazgo, la creación de visiones, la motivación o la inteligencia emocional, entre otras [76].

7.6.   Artículos de interés sobre neurogestión

Para finalizar este último enfoque del trabajo se realiza una revisión de tipo Issue Review sobre los textos que se han considerado de mayor relevancia sobre los usos que se le están dando a los conceptos que están implicados en este ámbito de la neurogestión.

7.6.1. Motivation of Enterprise Motivation Management Mechanism Based on Neuromanagement

En este artículo se busca principalmente la medición de la motivación, tanto interna como externa, de los trabajadores de una empresa a través de la teoría ERP (event-related potential) y mediante mediciones a través de EEG (electroencefalografía). Se pretende con esto demostrar que a veces la motivación interna de las personas puede no jugar un papel positivo en la motivación intrínseca, mientras que la motivación externa puede a veces mejorar el mecanismo de gestión de la motivación de las organizaciones. Con este experimento se defiende que los líderes de las empresas necesitan tener la suficiente flexibilidad para aplicar los dos tipos de medida de la motivación para gestionar sus equipos en la empresa, para aprovechar completamente los efectos positivos de la motivación.

A través de la tecnología ERP se puede medir con bastante precisión la actividad electroencefalográfica de las personas mientras llevan a cabo un procesamiento de la información. Con los experimentos ERP es posible separar los componentes de las ondas cerebrales de los datos de EEG del cerebro, de modo que se puedan medir mejor la información referente a los tiempos de procesamiento y la intensidad del procesamiento individual de la información. Los componentes ERP más relevantes que se pueden medir son los N2, ERN, FRN y P3000, aunque en este artículo únicamente se trabajará con los datos obtenidos de la FRN y P3000.

Se realizó el experimento sobre una muestra de 36 personas, separados en dos grupos de 18 personas, un grupo de control y un grupo de recompensa. Cada una de las personas del grupo realiza 3 etapas, cada una de ellas consta de 60 tareas de 5 segundos presionando teclas.

Para el grupo de recompensa, la etapa 2 tiene una recompensa monetaria por el rendimiento, tendrán la recompensa de 1 moneda por cada vez que no presionen la tecla correcta, mientras que en las etapas 1 y 3 no existe motivación monetaria. Para el grupo de control todas las etapas se realizan sin ningún tipo de compensación monetaria.

Lo esencial de este experimento es la comparación de las etapas 1 y 3 para ambos grupos, el de control y el de recompensa, en el caso de medir la motivación interna de cada usuario. Se estudian tanto el número correcto de teclas pulsadas por ambos grupos en las fases 1 y 3 como el número total de teclas pulsadas en las fases 1 y 3 para ambos grupos.

Se analiza además la actividad cerebral en los componentes FRN y P300 para las diferentes etapas y para ambos grupos, tanto el de recompensa como el de control, comparándose los valores de ganancia y pérdidas de amplitud en el voltaje para las etapas 1 y 3 en ambos grupos.

En el caso de la motivación externa espiritual se realizan las mismas comparaciones y mediciones entre los grupos de control y de recompensa, sin embargo, en lugar de la recompensa monetaria, lo que se realiza en la fase dos es que el grupo de recompensa puede ver una retroalimentación de las teclas que han pulsado correctamente y además pueden ver las que han pulsado sus compañeros, mientras que el grupo de control únicamente puede ver la retroalimentación de sus propias pulsaciones correctas.

Los resultados a medir son los mismos que en la parte del experimento que medía la motivación material interna, es decir, el número de teclas pulsadas correctamente en las etapas 1 y 3, así como los componentes FRN y P300 obtenidos de la actividad EEG de los sujetos en las fases 1 y 3 para ambos grupos.

A la vista de los resultados obtenidos durante el experimento se pudo observar que en la gestión de la motivación en las empresas a veces la motivación material (interna) no juega un papel positivo, como se suele pensar, llegando incluso a destruir la motivación original de los trabajadores.

Además, se observa que la diferencia de amplitud del parámetro FRN se incrementa en las etapas 3 y 1 cuando se está llevando a cabo el experimento de motivación espiritual (externa), lo que muestra que esta motivación externa es capaz de estimular positivamente la motivación original (intrínseca) de los trabajadores.

Esto nos demuestra que a veces es mejor un estímulo motivacional espiritual de los trabajadores, que un mejor material o económica, a diferencia de lo que se suele pensar en la manera tradicional de gestionar las empresas.

7.6.2. Application of Neural Technology to NeuroManagement and NeuroMarketing

La relevancia de este artículo en concreto es que realiza una descripción de las aplicaciones que pueden tener algunas de las tecnologías neuronales en el campo del neuromanagement y el neuromarketing.

Empieza con la aplicación de fNIRS (functional near-infrared spectroscopy) en las investigaciones de marketing, basándose en los estudios de Krampe et al., que fueron los primeros en aplicar esta tecnología al marketing y a los estudios de mercado. Los autores consiguieron replicar el segundo subefecto (actividad reducida en dlPFC), aunque no consiguieron replicar el primer subefecto (actividad reducida en vmPFC), en el efecto "marca de primera elección" usando fNIRS móviles.

Además de intentar detectar cuáles son las "marcas de primera elección", el interés en este campo de los fNIRS se incrementó a partir de los estudios de Li F. et al., ya que el autor usó esta tecnología para la detección de mentirosos, tanto frecuentes como infrecuentes. Pudieron demostrar durante el estudio que mientras se realizaban tareas de detección de mentiras, los mentirosos poco frecuentes mostraban una activación neuronal significativamente mayor en el MFG izquierdo que la línea de base, pero los mentirosos frecuentes y los inocentes no exhibieron este patrón de activación neural en ningún área relacionada con las regiones de inhibición cerebral.

Otra de las tecnologías en la que el texto centra la atención es en la aplicación de la electroencefalografía (EEG) a la investigación publicitaria a través de los estudios de Ramsoy et al., se estableció que existía una relación entre la medición de la voluntad o la disposición de pagar (WTP) y la respuesta electroencefalográfica. Esta relación se muestra en la asimetría gamma prefrontal y en la tendencia en la banda de frecuencia beta. Mediante el uso de estas respuestas neuronales de los consumidores, medidas a través de cascos EEG, se pudo desarrollar un nuevo algoritmo de inteligencia artificial para ser capaces de predecir la disposición de pago (WTP) con una precisión que ronda el 75% de aciertos.

Por último, se estudió la aplicación de la tecnología ERP en el efecto racial que podrían causar los medios. En su estudio Jin et al., se centran en la base neuronal del procesamiento de la información proveniente de los medios mediante el uso de ERP. Arrojó resultados que sugerían que la información negativa sobre las minorías étnicas en los medios podía influir en el juicio del grupo de estudio, reflejándolo en una desviación de la amplitud en N400.

7.6.3. Transformational Leadership through Applied Neuroscience

La importancia de este artículo radica en que propone una aproximación al liderazgo transformacional, en contraposición del liderazgo transaccional. La diferencia entre estos dos estilos de liderazgo se encuentra en que el transaccional, con el que estamos más familiarizados, se basa en que los líderes usan la recompensa y castigo para motivar a su equipo, mientras que el liderazgo transformacional en su lugar lo que usa es la inspiración que el líder es capaz de transmitir a su equipo para motivarlos a transformar y mejorar su motivación personal o interna. Se muestra en el estudio las diferentes herramientas o aproximaciones con las que se puede crear o acelerar la transformación entre las distintas formas de liderazgo.

Transformational Leadership Approach Summary

No	Aspects	Approaches				
		DRA*	Kubler-Ross'	Jack Welch's	Kotter's	Applied Neuroscience
1	Focus	Trigger to stimulate transformation	Phases pass through to transform	Followers participation	A sense of urgency for transformation.	Understanding leader and followers' brain in implementing TL
2	Leader's role	Show trigger, manage resistance, manage reaction of organizational transformation	Managing each phases of transformation	Ask followers to participate in achieving vision	Create a sense of urgency to transform.	Motivate followers through an understanding of the brain's followers and leader.
3	Approach	Managing the risk happened toward change triggers.	Through leadership competences.	Eliminate the complicated bureaucracy and simplify the vision.	Explain the consequences that can be generated if the transformation didn't happened	Understanding reward and threat to motivate followers
4	Leader's competences	Not improved specifically.	Not improved specifically.	Not improved specifically.	Not improved specifically.	Improved with applied neuroscience.
5	Steps	1. The transformation started with a trigger (driving force). 2. There will be resistance of transforming organizational, policies or status quo position (resisting force). 3. There will be reaction from running transformation (attracting forces).	Emphasizes the stages that occur when external change occurs and ask for transformation 1. Shock. 2. Denial. 3. Frustration and Anger. 4. Depression. 5. Experiment and Decision. 6. Acceptance and Integration. 7. Ready to transform.	Jack Welch implemented 25 things that can ring organizations to transform, including articulating vision with simplicity, giving freedom to work, creating learning culture, focusing on innovation, etc.	1. Sense of urgency. 2. Creating guiding coalition. 3. Creating a vision and strategy. 4. Communicating vision changes. 5. Wide-spreading action. 6. Short-term victory 7. Consolidating progress and creating change. 8. A new approach in organizational culture.	Applied neuroscience provides an understanding of how to drive followers without coercion and improves transformational leadership competences.

Figura 27: Resumen del liderazgo transformacional (Juhro, S. M., 2017)

Por último, se muestra cómo la neurociencia aplicada mejora las competencias de los líderes transformacionales, a través de su mecanismo de transmisión del proceso de pensamiento.

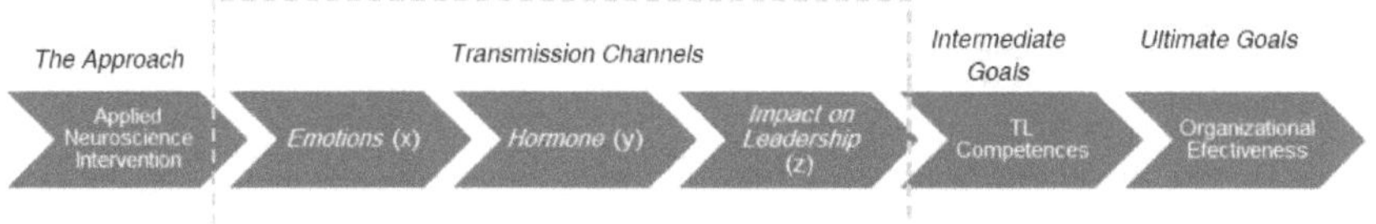

Figura 28: Mecanismo de transmisión del proceso de pensamiento (Juhro, S. M., 2017)

Y basado en ese mecanismo de transmisión de la intervención de las neurociencias aplicadas, se puede estudiar o enfocar cualquiera de las competencias de un líder transformacional, para estudiarlas y entenderlas con mayor claridad.

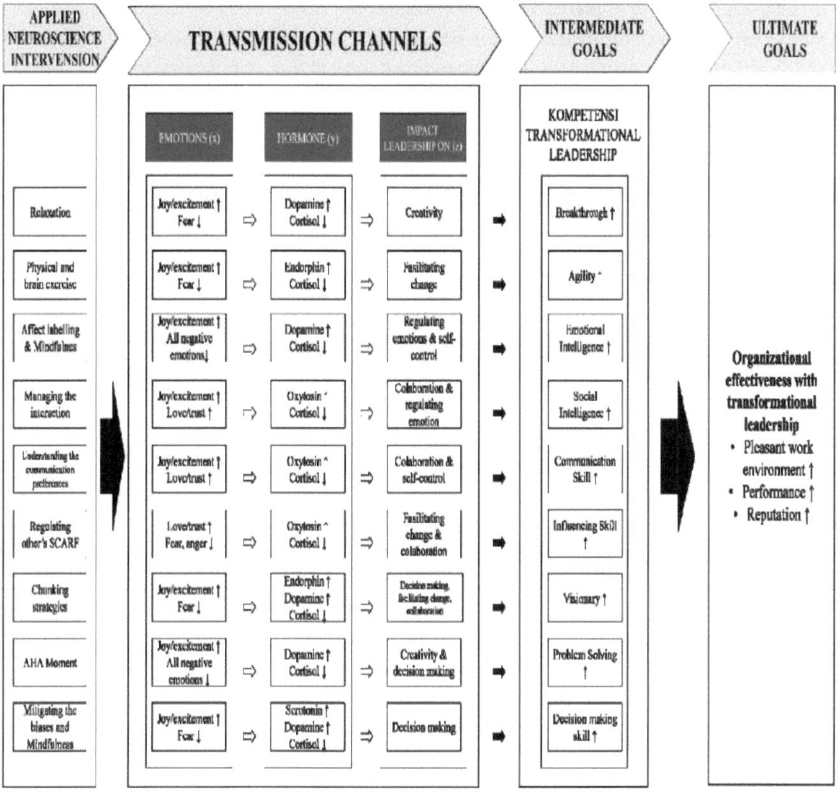

APPLIED NEUROSCIENCE INTERVENSION	TRANSMISSION CHANNELS — EMOTIONS (x)	HORMONE (y)	IMPACT LEADERSHIP ON (z)	INTERMEDIATE GOALS — KOMPETENSI TRANSFORMATIONAL LEADERSHIP	ULTIMATE GOALS
Relaxation	Joy/excitement↑ Fear↓	Dopamine↑ Cortisol↓	Creativity	Breakthrough↑	Organizational effectiveness with transformational leadership • Pleasant work environment↑ • Performance↑ • Reputation↑
Physical and brain exercise	Joy/excitement↑ Fear↓	Endorphin↑ Cortisol↓	Facilitating change	Agility	
Affect labelling & Mindfulness	Joy/excitement↑ All negative emotions↓	Dopamine↑ Cortisol↓	Regulating emotions & self-control	Emotional Intelligence↑	
Managing the interaction	Joy/excitement↑ Love/trust↑	Oxytosin Cortisol↓	Collaboration & regulating emotion	Social Intelligence↑	
Understanding the communication preferences	Joy/excitement↑ Love/trust↑	Oxytosin Cortisol↓	Collaboration & self-control	Communication Skill↑	
Regulating other's SCARF	Love/trust↑ Fear, anger↓	Oxytosin Cortisol↓	Facilitating change & colaboration	Influencing Skill↑	
Chunking strategies	Joy/excitement↑ Fear↓	Endorphin↑ Dopamine↑ Cortisol↓	Decision making, facilitating change, colaboration	Visionary↑	
AHA Moment	Joy/excitement↑ All negative emotions↓	Dopamine↑ Cortisol↓	Creativity & decision making	Problem Solving↑	
Mitigating the biases and Mindfulness	Joy/excitement↑ Fear↓	Serotonin↑ Dopamine↑ Cortisol↓	Decision making	Decision making skill↑	

8.PROPUESTAS Y CONCLUSIONES

Para este último capítulo del trabajo se van a abordar dos cuestiones diferenciadas, la primera, referente a las propuestas o sugerencias que a través de toda la investigación se aportan como posibles maneras de aproximarse a cada uno de los enfoques de la triada de la neuroingeniería.

De este modo, se derivan de todo el estudio realizado tres propuestas metodológicas para a implantación de la neuroingeniería en los proyectos de los futuros diseñadores, una para cada una de los enfoques o pilares de la triada expuesta.

En cada uno de los enfoques se pretende aportar una guía o una propuesta de pasos a seguir para implementar los conocimientos de cada uno de los enfoques mediante la utilización de las técnicas, modelos y herramientas que se han explicada en cada uno de los capítulos del estudio.

En primer lugar, se comienza por la **propuesta de implantación del enfoque de neurodiseño,** en ella se propone la implantación del neurodiseño a través de la aplicación de la Ingeniería Kansei en empresas o departamentos de diseño y desarrollo de productos. Mediante esta aplicación de los conocimientos de la Ingeniería Kansei lo que se busca es decidir o seleccionar los requerimientos y parámetros de diseño que necesita tener el producto para así satisfacer las necesidades emocionales de los usuarios.

Para ser capaces de obtener esos requerimientos y parámetros de diseño se inicia el proceso a partir de la elicitación de los kanseis o emociones que se quieren provocar en los usuarios, estos kanseis se evalúan a través de técnicas psicométricas, como puede ser el diferencial semántico, una vez se hayan evaluado los términos, se procede a realizar una evaluación mediante técnicas biométricas, como puede ser la electroencefalografía o el eyetracking.

Una vez realizadas ambas evaluaciones, tanto psicométricas como biométricas, se procede a la puesta en común de los diseños seleccionados por los usuarios mediante las dos evaluaciones, se comparan las alternativas de diseño priorizadas por los clientes potenciales y se decide la solución de diseño que mayor aceptación haya tenido.

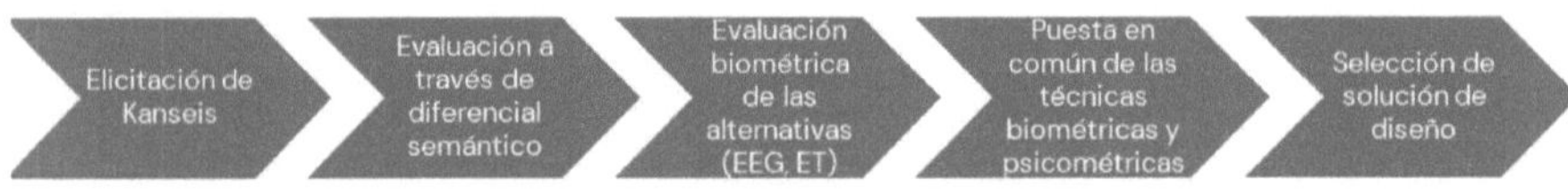

Gráfico 20: Propuesta de implantación de neurodiseño

En segundo lugar, se pasa a presentar la **propuesta de implantación del enfoque de la neurousabilidad,** en este caso se propone realizar una aproximación a las necesidades del usuario, en lugar de mediante las emociones o la Ingeniería Kansei, mediante las técnicas de UCD y UX, para de este modo ser capaces de generar una solución de diseño que satisfaga las necesidades adecuadamente, poniendo el foco de atención en las necesidades de uso de los usuarios, cubriendo así el primer enfoque de la usabilidad.

Posteriormente, se propone, para conseguir cubrir con esos requisitos de usabilidad obtenidos mediante el proceso de diseño basado en UCS y UX, dotar al producto de las neuroaffordances necesarias para poder accionar los procesos cognitivos del usuario y llegar a producir las emociones deseadas y generar los procesos de uso buscados. Cabe mencionar que para saber cuáles son las necesidades deseadas previamente es preferible realizar un estudio previo a través de la Ingeniería Kansei.

En último lugar, se estudia la **propuesta de implantación del enfoque de la neurogestión del diseño,** en ella lo que se propone es realizar una selección adecuada de los gestores del diseño. Para ello en primer lugar se deben estudiar los candidatos y evaluarlos en función de sus capacidades de liderazgo y management.

Una vez seleccionados los gestores, que ya deben tener ciertas dotes de liderazgo y gestión se equipos, lo que se propone es realizar un estudio para evaluar las carencias existentes o las posibles mejoras que se puedan realizar para completar la formación de los líderes del diseño, para ello se propone una formación de los mismos para ejercitar sus capacidades a través de neurofeedback y PNL.

Por último, se debe ampliar la formación de estos gestores en las técnicas y herramientas propias del neuromanagement, de manera que sean capaces de aplicarlas a la gestión de sus equipos de diseño. Deben ser capaces de controlar y aplicar técnicas de neurogestión tales como el modelo SCARF o la toma de decisiones.

Sin embargo, se puede apreciar que estos tres enfoques por separado no estarían completos a la hora de realizar un proyecto de neuroingeniería de diseño y desarrollo de productos, sino que sería necesario la conjunción de las tres propuestas para cubrir completamente todos los ámbitos expuestos durante la realización de este estudio.

Se podría decir, por tanto, que la propuesta final de implantación de las técnicas y modelos de la neurociencia para el diseño y desarrollo de neuroproductos fuese la que unificase las tres propuestas anteriores en una sola.

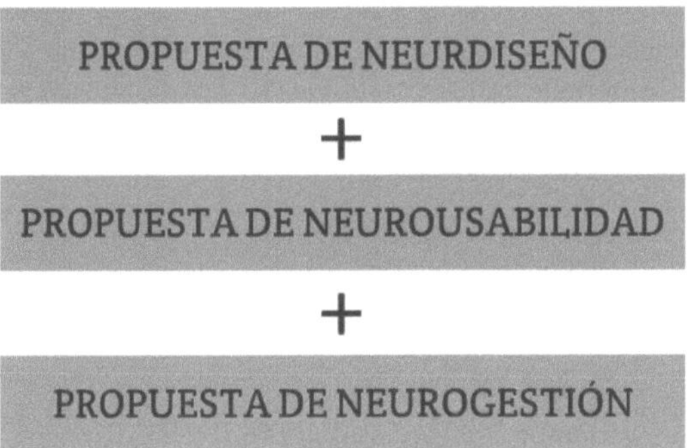

Una vez completada la parte referente a las propuestas de implantación o metodologías de neuroingeniería, solo quedaría dar realizar un breve apartado dedicado a las conclusiones que se han obtenido durante el proceso de investigación y realización de este trabajo.

Con la realización de este estado del arte se ha puesto de manifiesto que, con el paso de los años y con los estudios que existen sobre el campo neurocientífico, se han conseguido desarrollar diferentes herramientas, técnicas y modelos que, aunque no se concibiesen con ese propósito, pueden ayudar a mejorar el ámbito del diseño y desarrollo de productos.

Sin embargo, aunque se ha podido ver que existe cierto conocimiento en el campo de la neurociencia que puede aplicarse al trabajo de los ingenieros de diseño, estos conocimientos no están organizados ni desarrollados para la práctica del diseño.

Se ha pretendido con esta estructuración del trabajo basada en la triada de la neuroingeniería de productos, teniendo como bases el neurodiseño, la neurousabilidad y la neurogestión del diseño, generar una propuesta de organización de los conceptos y los conocimientos neurocientíficos que puedan ayudar al diseño que sea asequible y comprensible para los ingenieros de diseño, de modo que la posibilidad de realizar proyectos de neuroproductos pase a ser una realidad y no se quede únicamente en el campo de la innovación o de los proyectos de investigación o teóricos.

Con este estudio se pretendía sentar un precedente o unas bases que recopilasen la información de utilidad en el campo de la ingeniería de diseño y desarrollo de productos, así como comprobar si el conocimiento existente en el campo de la neurociencia podía aplicarse al ámbito del diseño.

Aunque se ha conseguido generar un amplio contenido en lo referente a posibles aplicaciones de los conocimientos neurocientíficos a los tres pilares propuestos de la neuroingeniería de productos, se ha podido observar que la gran mayoría de las técnicas, modelos y herramientas recopilados no están pensados ni desarrollados para la práctica del neurodiseño de productos, es más, en algunos casos apenas se ha llegado a probar si realmente supondrían una mejora considerable a la hora de diseñar productos.

Gracias a esta recopilación, se ha podido evidenciar que aún existe un gran camino por andar en lo que a diseño de neuroproductos se refiere, lo que abre nuevas vías de investigación y trabajo para comprobar si todos los conocimientos recogidos en el estudio podrían llegar a convertirse en herramientas propias de la neuroingeniería de productos.

Como posibles estudios futuros, se propondría dedicar los esfuerzos a profundizar en cada uno de los pilares de este trabajo, neurodiseño, neurousabilidad y neurogestión del diseño, con el objetivo de desarrollar los contenidos con mayor detalle y precisión, ampliando las técnicas existentes para cada uno de los apartados y realizando trabajos experimentales para probar la eficacia de cada uno de los métodos incluidos.

De esta forma, este trabajo podría pasar de ser contemplado como un estado de arte a ser un trabajo de investigación, sustentando así los resultados recogidos y crean un cuerpo de conocimiento propio de la neuroingeniería de productos.

9.BIBLIOGRAFÍA

[1] SOUSA, D.A. Neurociencia educativa: mente, cerebro y educación (2016)

[2] CARRETIÉ, L. Anatomía de la mente (2011)

[3] MAYER, P. Guidelines for writing a Review Article (2009)

[4] SQUIRES, J.E., ESTABROOKS, C.A., GUSTAVSSON, P. y WALLIN, L. Individual determinants of research utilization by nurses: a systematic review update. Nursing Research (2007)

[5] GALLACE, A. Neurodesign: A new frontier of packaging and producto design (2016)

[6] HERRERA, M.A. El neurodiseño como una nueva práctica hacia el diseño científico (2012)

[7] CÓRDOBA, A. Aplicación de la ingeniería Kansei-Chisei en entornos de fabricación Lean (2017)

[8] STEVENS, S.S. Handbook of experimental psychology (1951)

[9] MURILLO, F.J. Cuestionarios y escalas de actitudes (2004)

[10] NAGAMACHI, M. Kansei/Affective Engineering (2011)

[11] SCHÜTTE, S. Engineering emotional values in product design – Kansei engineering in development (2005)

[12] NAGAMACHI, M. Kansei engineering and its method (1992)

[13] NORMAN, D.A. Emotional design: why we love (or hate) (2004)

[14] SOARES, M. Neurodesign: Applications of neuroscience to design and human-system interactions (2016)

[15] COVARRUBIAS, J., MENDOZA, G. A. Beyond emotional design: Evaluation methods and the emotional continuum (2016)

[16] MAGAL-ROYO, T., JORDÁ-ALBIÑANA, B. Emotional design through measurement of psychophysiological and behavioral parameters: Taking steps towards neurodesign (2014)

[17] RAMIREZ, R., VAMVAKOUSIS, Z. Detectando emociones de señales EEG (2015)

[18] NAGAMACHI, M. Kansei/affective engineering (2011)

[19] BEDIA M., CASTILLO, L. F. Hacia una teoría de la mente corporizada: La influencia de los mecanismos sensomotores en el desarrollo de la cognición (2010)

[20] VARELA, F. J. Connaître : Les sciences cognitives (1988)

[21] PYLYSHYN Z. Computation and cognition (1984)

[22] MARTINEZ-FREIRE, P. F. El enfoque enactivo en las ciencias cognitivas (2006)

[23] CLARK, A. CHALMERS, D. ¿The extended mind? (1998)

[24] MATURANA, M., VARELA, F. De máquinas y seres vivos. Autopoiesis: La organización de lo vivo. (1973)

[25] ETXEBERRIA, A., BICH, L. Auto-organización y autopoiesis. (2017)

[26] LAKOFF, G. & JOHNSON, M. Philosophy in the Flesh. The embodied Mind and Its Challenge to Western Thought (1999)

[27] LAKOFF, G. & JOHNSON, M. Metaphors we live by (2003)

[28] GIBSON, J.J. The Senses Considered as Perceptual Systems (1966)

[29] GIBSON, J.J., JAMES, J. The Ecological Approach to Visual Perception (1979)

[30] NORMAN, D.A. The Psychology of Everyday Things (1988)

[31] NORMAN, D.A. Affordance, conventions and design (1999)

[32] VALLVERDÚ, J., TROVATO, G., JAMONE, L. Allocentric Emotional Affordances in HRI: The Multimodal Binding (2018)

[33] CHEN, L., LIU, Y., CHENG, P. Perceived Affordances in Older People with Dementia: Designing Intuitive Product Interfaces (2018)

[34] CAÑADA, J. 10 Malentendidos sobre Interacción Persona-Ordenador. (2003)

[35] HASSAN-MONTERO, Y., ORTEGA-SANTAMARÍA, S. Informe APEI sobre Usabilidad. (2009)

[36] CAMPOS DORIA, C.A., DÍAZ RAMÍREZ, O. Motivación humana (2003)

[37] MASLOW, A. Teoría de la motivación humana (1943)

[38] SIMONS, J.A., IRWIN, D.B. AND DRINNIEN, B.A. Maslow's Hierarchy of Needs (1987)

[39] FEIST, J., FEIST, G.J., Theories of personality (2006)

[40] VALLVERDÚ, J., TROVATO, G., JAMONE, L. Allocentric Emotional Affordances in HRI: The Multimodal Binding (2018)

[41] CHENA, L., LIUB, Y. 5.7.2.   Perceived Affordances in Older People with Dementia: Designing Intuitive Product Interfaces (2017)

[42] TOPALIAN, A. Promoting Design Leadership Trhough Training (2003)

[43] GORB, P. Design Management: Papers from the London Business School (1990)

[44] HOLLINS, B. Design Management Education: the UK Experience (2004)

[45] COOPER, R., PRESS, M. The Design Agenda (1995)

[46] BEST, K. Management del diseño (2007)

[47] CASSIDY, W., JOHN, W. Neuropharmacological management of destructive behavior after traumatic brain injury. Journal of Head Trauma Rehabilitation (1994)

[48] KENNEDY, S.H., LAM, R.W., PARIKH, S.V., PATTEN, S.B., RAVINDRAN, A.V. Canadian network for mood and anxiety treatments (canmat) clinical guidelines for the management of major depressive disorder in adults (2009)

[49] CARREÑO GAITÁN, D. F., El neuromanagement como tendencia del futuro (2019)

[50] SUTIL, L. Neurociencia, empresa y marketing (2013)

[51] BRAIDOT, N. Neuromanagement y neuroliderazgo cómo se aplican los avances de las neurociencias a la conducción y gestión de organizaciones (2013)

[52] ZÁRATE, G. Neuromanagement en la cultura organizacional (2017)

[53] SATPATHY, J. Issues in neuro - management decision making (2012)

[54] MONTILLA, V. La gerencia tradicional Vs. La gerencia moderna (2017)

[55] ESCUDERO, J. Psicología para negociar (2013)

[56] ZHANG X. Motivation of Enterprise Motivation Management Mechanism Based on Neuromanagement (2018)

[57] HERNÁNDEZ, E. Del liderazgo al neuroliderazgo (2018)

[58] CEREM INTERNATIONAL BUSINESS SCHOOL. Internacional BMA: Impartido por empresarios y directivos (2017)

[59] YUMAYUSA, Y.V. Neuromanagement como tendencia del futuro (2019)

[60] OPRIS, I., IONESCU, S.C., LEBEDEV, M.A., BOY, F., LEWINSKI, P., BALLERINI, L. Application of Neural Technology to Neuro-Management and Neuro-Marketing (2020)

[61] BRAIDOT, N. Neuromanagement (2008)

[62] BRAIDOT, N. Neuromarketing (2009)

[63] BRAIDOT, N. Neuromarketing, Neuroeconomia y Negocios (2006)

[64] LOGATT, C. Neuroplasticidad y Redes Hebbianas: Las Bases del Aprendizaje (2011)

[65] BRAIDOT, N. Neuroliderazgo: Una formula científica para alcanzar el éxito (2011)

[66] MILENA, M. Neuroliderazgo: clave para la generación de la neuroplasticidad autodirigida en la gerencia (2014)

[67] DISPENZA, J. Desarrolle su Cerebro. La ciencia para cambiar la mente (2008)

[68] SCHAUFENBUEL, K. The Neuroscience of Leadership (2014)

[69] ANAS, A., Neuroscience in Project management (2016)

[70] DAMASIO, A. El error de Descartes (1994)

[71] MARTÍNEZ-SELVA, J. M., SÁNCHEZ-NAVARRO, J. P., BECHARA, B., ROMÁN, F. Mecanismos cerebrales de la toma de decisiones (2006)

[72] HAMMOND, C. What Is Neurofeedback? (2006)

[73] GARCÍA GARCÍA, E. Neuropsicologia y educacion. De las neuronas espejo a la teoría de la mente (2008)

[74] GARCÍA GARCÍA, E., GONZÁLEZ MARQUÉS, J., MAESTÚ UNTURBE, F. Neuronas espejo y teoría de la mente en la explicación de la empatía (2011)

[75] SERRAT SALLENT, A. PNL para docentes (2005)

[76] Gamboa, M., Garcia Sandoval, Y., Ahumada, V. La Programación Neurolingüística (2017)

[77] ZHANG, X. Motivation of Enterprise Motivation Management Mechanism Based on Neuromanagement (2018)

[78] OPRIS, I., IONESCU, S. C., LEBEDEV, M. A., BOY, F., LEWINSKI, P., BALLERINI, L. Application of Neural Technology to Neuro-Management and Neuro-Marketing (2020)

[79] JUHRO, S. M. Transformational Leadership through Applied Neuroscience: Transmission Mechanism of the Thinking Process (2017)

Printed by Books on Demand GmbH, Norderstedt / Germany